GUOJIANGHUA JIFA
QUANJIE JIAOCHENG

果酱画
技法全解教程

罗家良／编著

化学工业出版社
·北京·

图书在版编目（CIP）数据

果酱画技法全解教程 / 罗家良编著. —北京：化学工业出版社，2016.3（2025.3 重印）
ISBN 978-7-122-29035-9

Ⅰ. ①果… Ⅱ. ①罗… Ⅲ. ①果酱 - 装饰雕塑 - 教材
Ⅳ. ① TS972.114

中国版本图书馆 CIP 数据核字（2017）第 027004 号

责任编辑：张　彦　　装帧设计：史利平
责任校对：宋　夏

出版发行：化学工业出版社（北京市东城区青年湖南街 13 号　邮政编码 100011）
印　　装：天津裕同印刷有限公司
710mm×1000mm　1/16　印张 9½　字数 159 千字　2025 年 3 月北京第 1 版第 14 次印刷

购书咨询：010-64518888　　售后服务：010-64518899
网　　址：http://www.cip.com.cn
凡购买本书，如有缺损质量问题，本社销售中心负责调换。

定　　价：59.00 元

目录

CONTENTS

第一部分 果酱画技法概述

第二部分　果酱画技法

第一部分

果酱画技法概述

1.1 果酱画的特点

果酱画在现在的餐饮业中非常流行，这是一种新的菜肴装饰技术，就是用各色果酱（也可以用巧克力酱、沙拉酱、蚝油等）在盘边画出漂亮的图案，用以装饰菜肴的一种方法。

这种图案可以是简单的装饰花纹，可以是抽象随意的曲线，也可以是写意的（或比较细致的）花鸟鱼虾或是书法等。总之，只要是简单漂亮的图案，只要是能给菜肴增光添彩的图案符号等，都可以画。

果酱画的特点

1. 节省时间，快捷方便。简单的线条图案，几秒十几秒就可完成，稍复杂点的花鸟鱼虾，几分钟完成，比食品雕刻和糖艺都要节省时间。

2. 成本低廉，节省原料。和其它盘饰（果蔬雕盘饰、糖艺盘饰、鲜花盘饰等）相比，果酱画几乎是零成本。

3. 色彩丰富，表现力强。可根据菜肴和餐具的形状、颜色灵活设计果酱画的内容。

4. 简单好学，容易上手。无论有无美术基础，多练几次就可以画出简单实用的果酱画来（那种过于复杂的工笔式的果酱画，几个小时甚至十几个小时画一幅的果酱画，没必要人人都去学）。

5. 提高菜肴档次，揭示菜品主题，更好地突出菜品的文化内涵，比如画梅、兰、竹、菊，中文书法等。

6. 容易保存，节省空间（画好的盘子可以摞在一起），不会像雕刻糖艺盘饰那样有干瘪或破碎之虞，盘子使用后容易清洗。

7. 安全卫生。无论是果酱、沙拉酱、巧克力酱，都是食物原料，即使在使用过程中与食物接触，也不会影响食用。

1.2 果酱画的工具和原料

1. 果酱：也叫镜面果酱、镜面果膏、果沾或水晶光亮膏，可以买无色的自己调颜色。如果使用量大，也可以买有颜色的果酱直接使用或自己再添加色素，调出各种丰富的颜色（见图1）。这种果酱的优点是：水晶透明，稠度适宜，拉线流畅，不串色，容易洗盘子。

其它原料，如沙拉酱（调色后）、巧克力酱、辣椒酱、蓝莓酱等，都可以配合使用。

2．果酱笔：也叫果酱瓶、酱汁笔（见图2、图3），塑料材质。每个果酱笔配7个可以更换的、不同粗细的笔头，使用的时候边挤果酱笔边画线。

3．食用色素：调颜色用，市面上出售的正规品牌的食用色素（油溶性、水油兼溶性、粉末状的）均可（见图4）。

4．毛笔：主要用于画竹叶或一些花瓣、树叶等（见图5）。

5．棉签、牙签、竹签（见图6）。

棉签的用法有两种，一是当作画笔，用棉签头醮果酱画出花瓣、葡萄、果实等，二是将画错的地方擦掉。

牙签和竹签的用法：主要是用来画花蕊，挑花心，或画马的鬃毛等。

图1　果酱

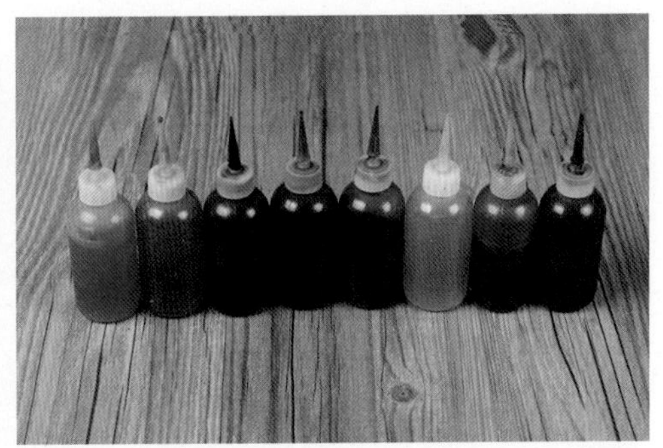
图2　各种颜色的果酱笔

图3　可更换的不同粗细的笔头

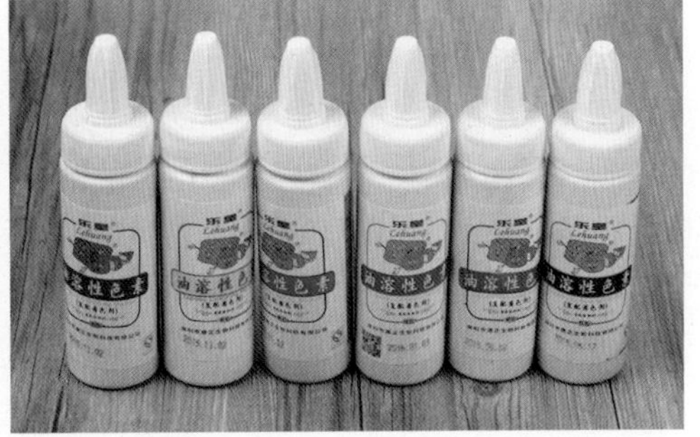

图4　色素

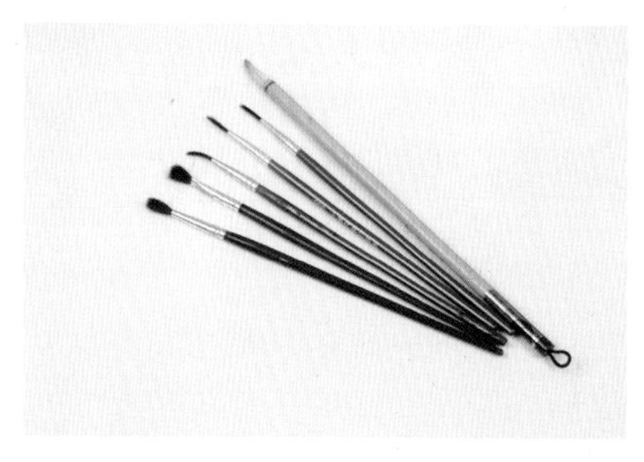
图5 毛笔

棉签、牙签、竹签图片 图6 棉签、牙签、竹签

6. 多功能果酱板，可自制，用塑料垫板剪下即可（见图7）。可画一些特殊线条，如竹节、小草、平行线等（见图8～图10）。

图7 自制多功能果酱画板

图8 画竹节

图9 画小草

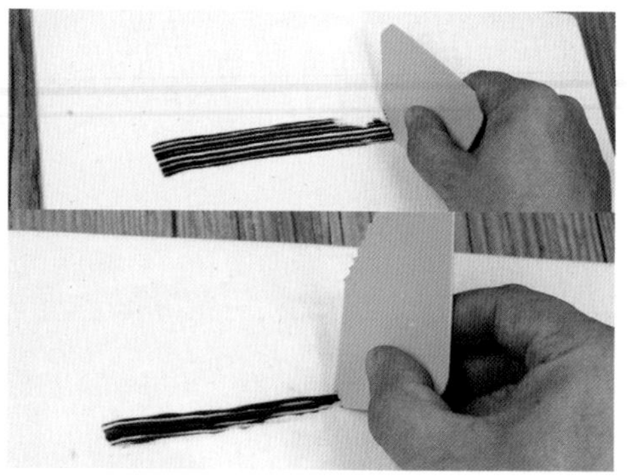
图10 画平行线

1.3 果酱画的常用技法

1. 画：用果酱画笔边挤边画出线条（见图11）。

2. 抹：用手指醮果酱在盘子上画出有深浅变化的花瓣或色块（见图12）。

图11 画

图12 抹

3. 点：用果酱笔在盘子上挤出颜色均匀的小圆点（见图13）。

4. 刮：用刀刃、刮板、纸片等工具在挤好果酱的盘子上刮出竹节、草叶等特殊效果（见图14）。

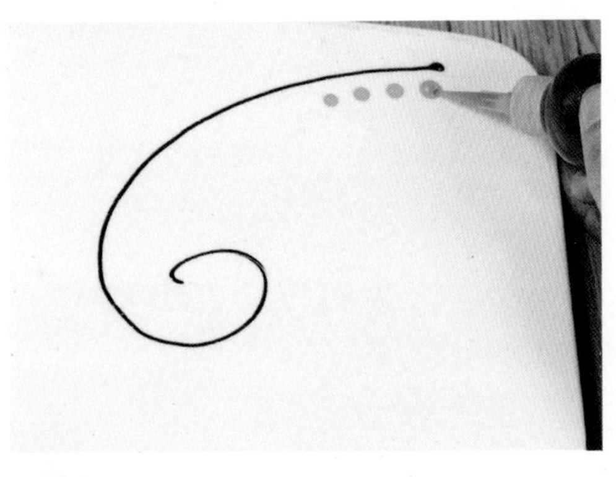

图13 点

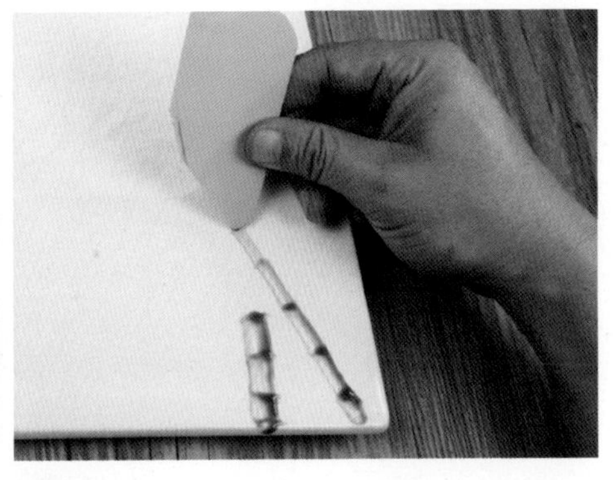

图14 刮

5. 划：用竹签或棉签在果酱上划出痕迹的方法，如划出马尾，鬃毛等（见图15）。

6. 重复推抹：用手指在画好的果酱上反复推拉从而出现深浅变化效果（见图16）。

图15 划

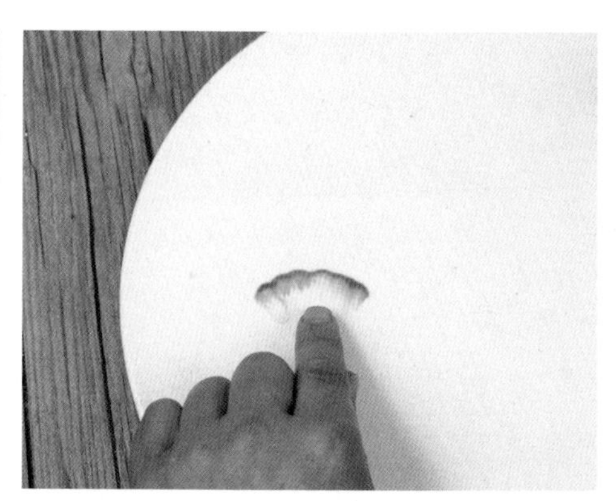

图16 重复推抹

7. 分染：将两种或三种颜色的果酱涂在花瓣或叶片上，然后用笔尖反复勾抹两种颜色的交界处，使颜色出现自然过渡效果（见图17，后面还有详细介绍）。

8. 堆：将一种颜色的果酱挤或画在另一种颜色的果酱中，靠果酱的稠度使两种颜色互不渗透（见图18）。

9. 圈：用手指或棉签蘸果酱画出圆形的果实（如葡萄）（见图19）。

10. 拼：将两种颜色的果酱相邻挤在盘中，然后用手指抹出双色效果（见图20）。

11. 套：在深颜色的果酱中挤入浅颜色果酱，然后用手指抹出带有描边效果花瓣（见图21）。

12. 挑：用竹签将堆在盘子中的果酱向其它方向划挑作画（见图22）。

图17 分染

图18 堆

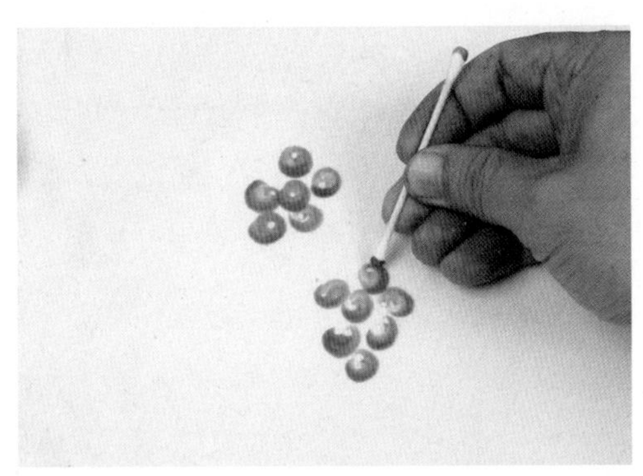

图19　圈

图20　拼

图21　套

图22　挑

1.4　果酱画的常用线条

想学果酱画，首先要练习画各种线条，要把各种线条画流畅了，顺溜了才行。

果酱笔与普通铅笔、钢笔不同的地方是边画边挤，要掌握好挤果酱笔的力度和运笔的速度才能画出理想的果酱画。最常见的线条如下。

1. 直线：这是最简单的线条（见图23）。

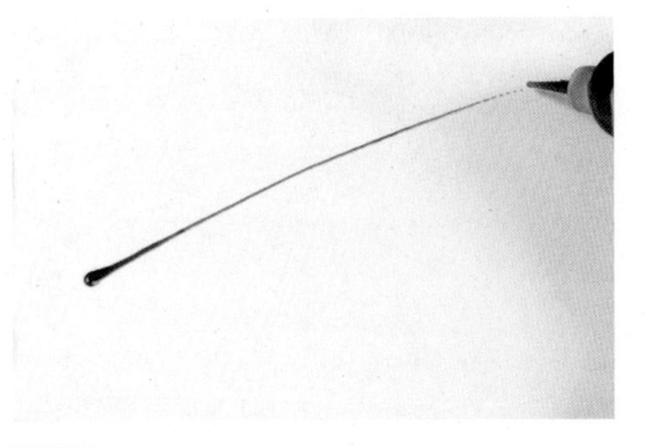

图23　直线

2. 折线（见图24）。
3. 交叉线（见图25）。
4. 螺旋线（见图26）。
5. 圆弧线（见图27）。
6. “S”线（见图28）。
7. 花边线（见图29）。
8. 波浪线（见图30）。
9. 河流线（见图31）。

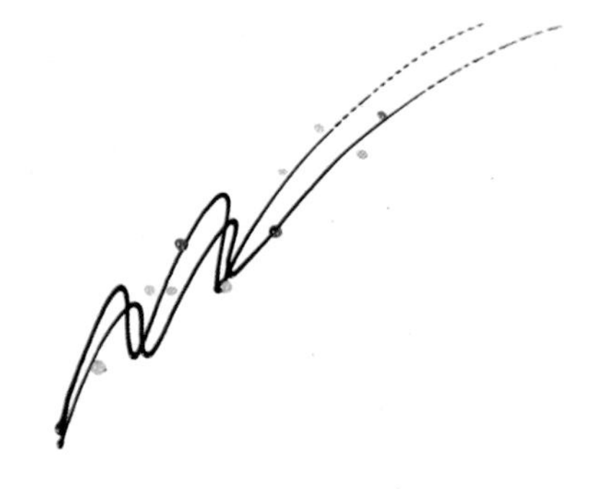

图24 折线

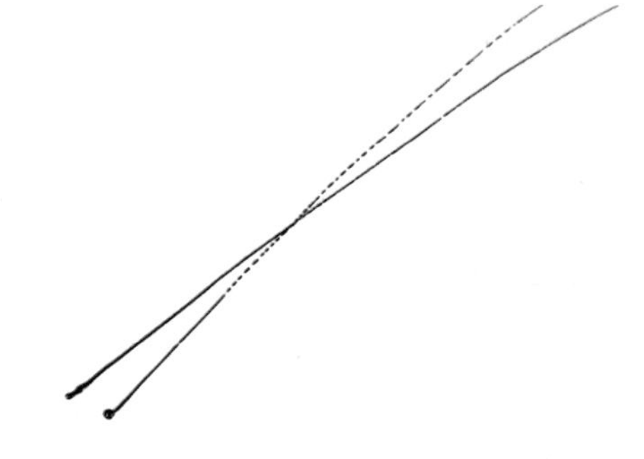

图25 交叉线

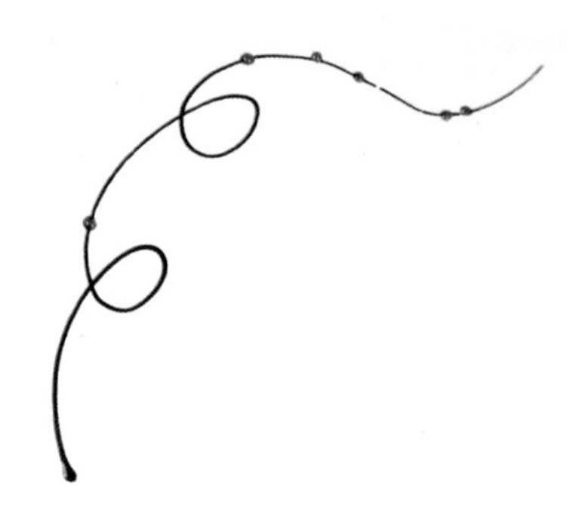

图26 螺旋线

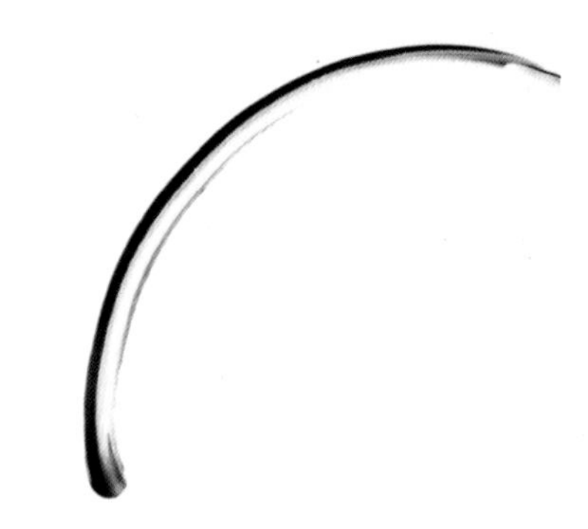

图27 圆弧线

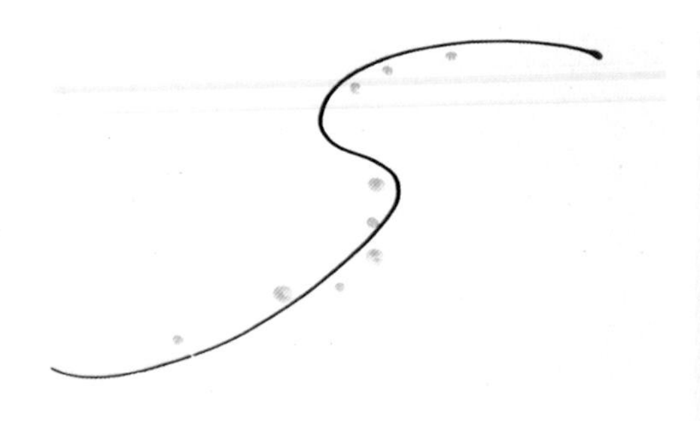

图28 “S”线

图29 花边线

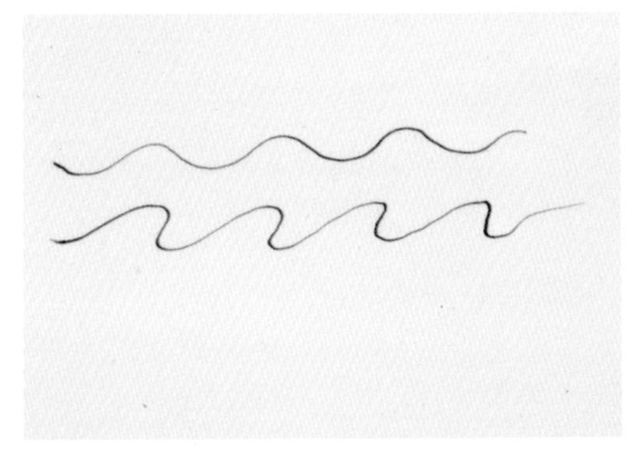

图30　波浪线

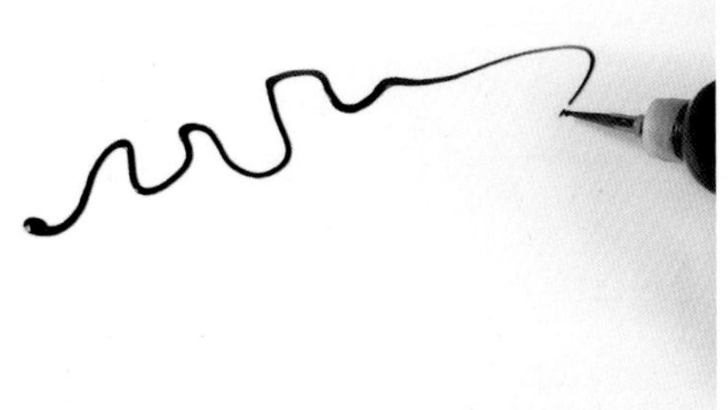

图31　河流线

1.5　花瓣的形状与画法

画果酱画，最常画的是花草，因为花花草草的东西，既简单好画，又美观漂亮，无论装饰什么菜肴都很合适（我们以前用的食雕盘饰，糖艺盘饰也是以花草题材为主的），那么用果酱画出的花瓣有哪些种类呢？我们在这里简单做一个分类：

1. 水滴形花瓣，花瓣形状一端圆一端尖呈水滴形状（见图32）。
2. 心形花瓣，将两片心形花瓣拼成一片花瓣呈心形（见图33）。
3. 圆点花瓣，用果酱笔挤或用手指醮出圆点形状的花瓣（见图34）。
4. 菊花花瓣，用棉签或手指或毛笔画出菊花花瓣（见图35）。
5. 荷花花瓣，先画出水滴形花瓣后再将花瓣圆的一端用竹签向外挑出尖形（见图36）。

图32　水滴形花瓣

图33　心形花瓣

图34　圆点花瓣

图35　菊花花瓣

图36　荷花花瓣

图37　旋转花瓣

6. 旋转花瓣，向一个方向旋转的花瓣（见图37）。

7. 双色花瓣，用手指抹出两种颜色的花瓣（见图38）。

8. 扇形花瓣，用手指抹出近似扇形的花瓣（见图39）。

9. 喇叭花瓣，用手指抹出喇叭花形状（见图40）。

10. 螺旋式花瓣，用手指画出螺旋状花瓣，多用于画玫瑰花（见图41）。

11. 毛笔画花瓣，用毛笔饱蘸果酱画出的花瓣（见图42）。

12. 描边花瓣，用彩色果酱画出空心花瓣（见图43）。

13. 分染花瓣，用几种颜色的果酱画出有深浅变化的花瓣（见图44）。

14. 印象式花瓣，在无色果酱上滴一滴红色果酱，然后用牙签挑出环状和弧状相结合的花瓣（见图45）。

图38　双色花瓣

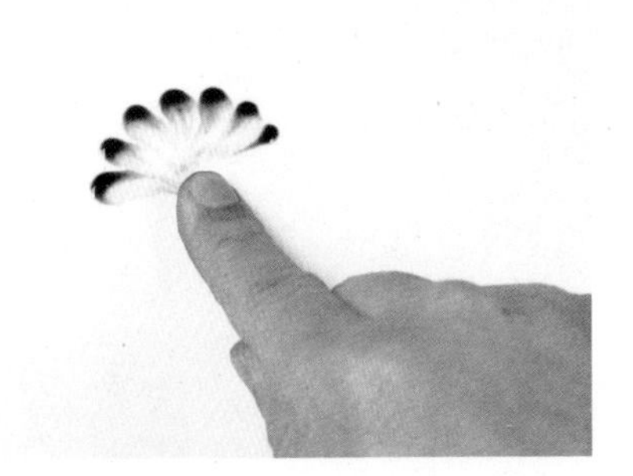

图39　扇形花瓣

图40　喇叭花瓣

图41　螺旋式花瓣

图42　毛笔画花瓣

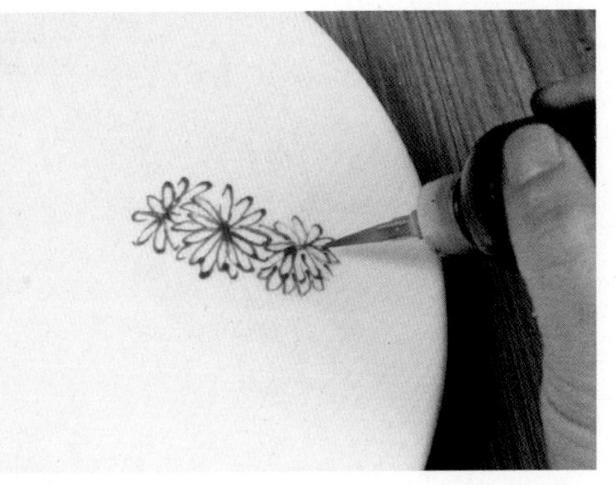

图43　描边花瓣

图44 分染花瓣

图45 印象式花瓣

1.6 常见绿叶的画法

俗话说，好花还要绿叶配，我们画果酱画，当然离不开画绿叶，有时，绿叶还是一幅果酱画的主体。常见的绿叶形状主要有心形叶、卵形叶、尖形叶、圆形叶、枫形叶、齿形叶、扇形叶等等（见图46）。

1. 画绿叶可以先画轮廓后填色，再画叶筋（见图47），这是最初级最常用的方法。

2. 先大致抹一层薄薄的果酱色，后画线条，果酱绿色与线条不必完全重合，（见图48，图49）。

3. 用食指蘸绿色或黑色果酱直接擦抹出叶子，然后画出叶筋（见图50～图52）。

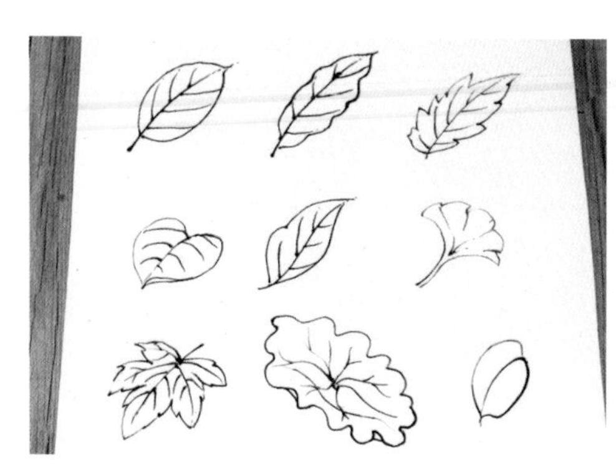

图46 绿叶的常见种类

图47 先勾线，后充色

图48 先抹色后画线（一）

图49 先抹色后画线（二）

图50 画小圆叶

图51 画三岔叶

4. 用拇指侧面擦抹出尖形叶子，然后画筋或描边（见图53、图54）。

5. 用毛笔饱蘸果酱画叶子（见图55）。

6. 用分染法画叶子，即先描边，然后用深浅不同或颜色不同的果酱画出有过渡变化的叶子（见图56）。

7. 用果酱画竹叶，通常用小毛笔比较方便，竹叶的形状一般有“个”字形、“介”字形、“父”字形等，把这几种形状的竹叶互相组合叠加，就画出了各种漂亮的竹叶了（见图57）。

图52 画银杏叶

图53 画尖形叶子

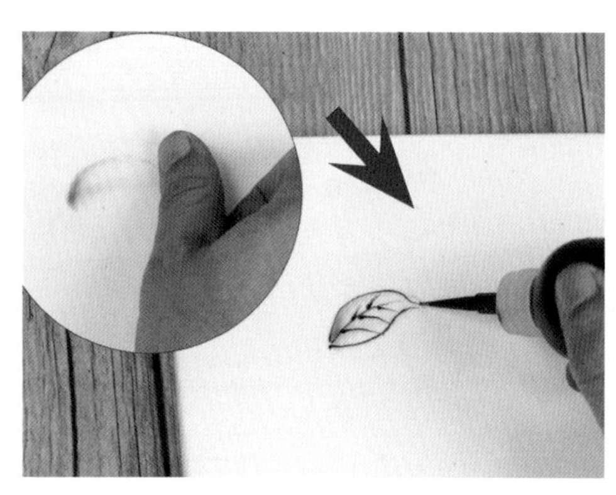

图54 画尖形叶子，描边画叶筋

图55 毛笔画叶子

图56 分染法画叶子

图57 竹叶的画法

1.7　关于手指的抹法

果酱画中，常用手指抹出各种形态，如花瓣、绿叶、鱼虾、树枝、山水等。抹的方法主要分两大类，一是用手指醮适量果酱在盘子上擦抹，二是把果酱挤在盘子上然后用手指擦抹。

常见的具体的抹法有下面几种（见图58-1～图58-9）。

关于手指擦抹的部位，最常用的是食指的指肚，但也可用手指的其它部位甚至手掌（见图59-1～图59-4）。

图58-1　短线抹

图58-2　长线抹（果酱多些）

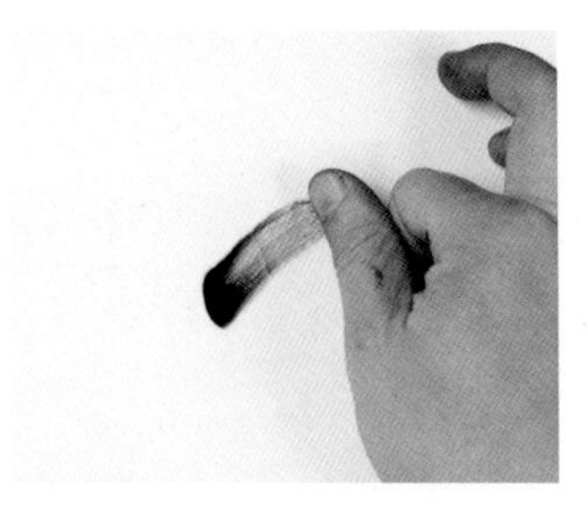

图58-3　侧抹

图58-4　快速抹

图58-5　弧线描

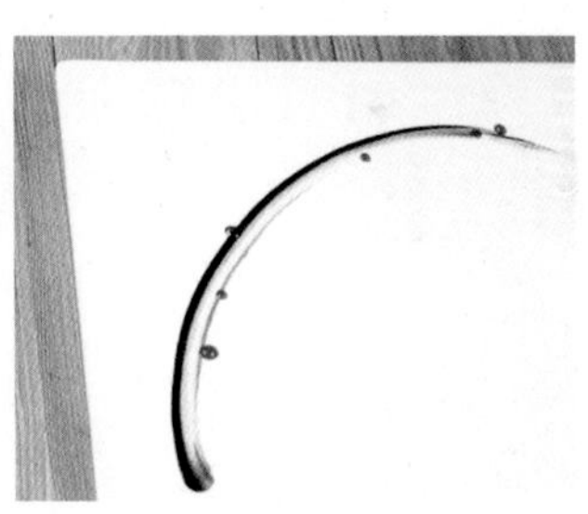

图58-6　圆线抹

图58-7　曲线抹（画龙）

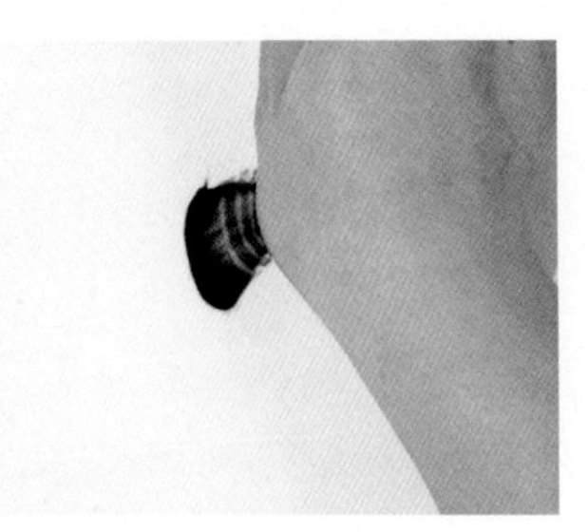

图58-8　掌心抹

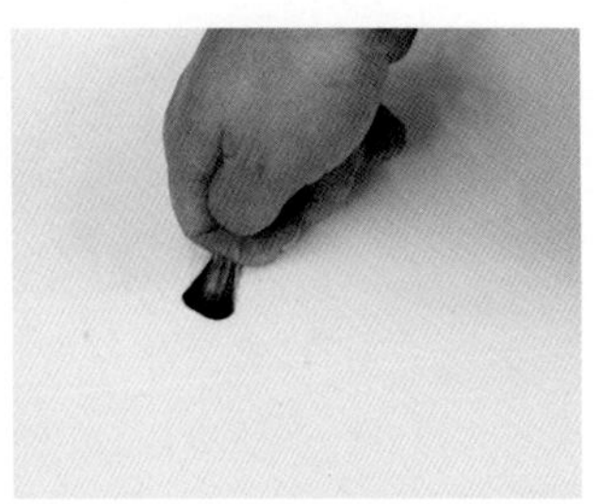

图58-9　跪指抹

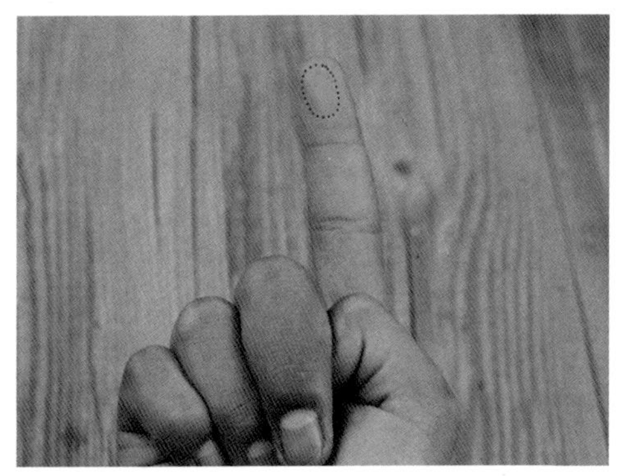
图59-1 食指肚

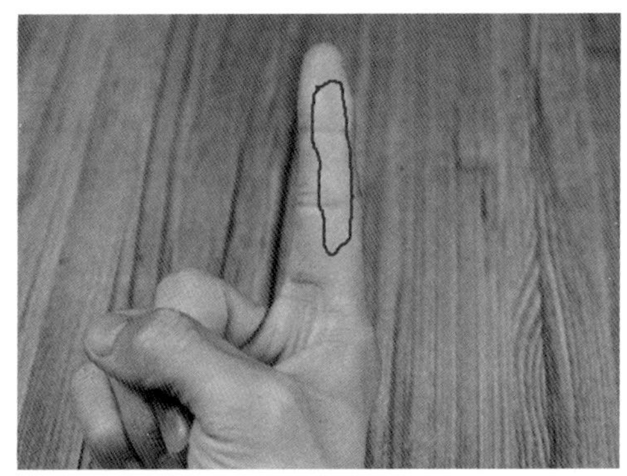
图59-2 食指侧

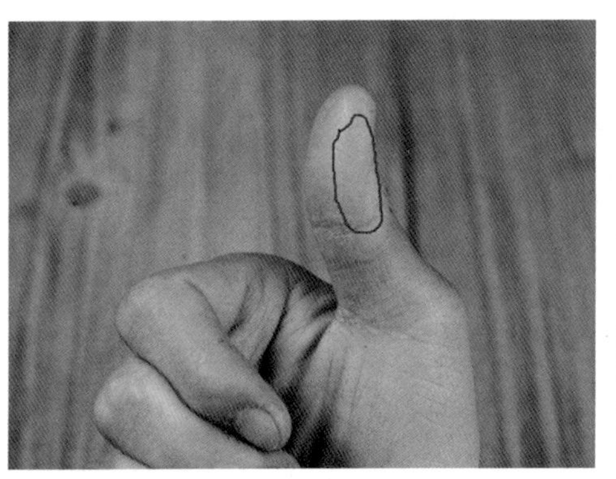
图59-3 拇指侧

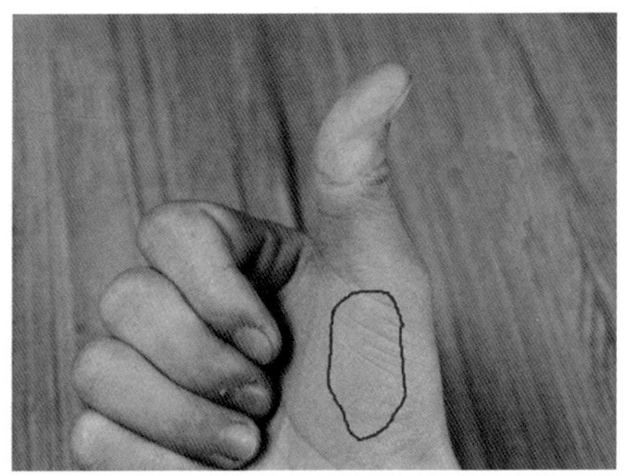
图59-4 手掌侧（金星丘）

1.8 “几何法”“比例法”简介

对于没有学过画画的朋友来说，想在盘子上准确画出禽鸟鱼虾等动物肯定有些困难，这时如果能运用“几何法”，“比例法”对所画对象的外形结构和比例进行一个分析，就会简单容易很多。

所谓“几何法”，就是将所画动物的外形拆分成几个简单的几何形组合在一起的结果，我们最常画的是鸟，可以把鸟的头部和身体看做是两个大小不一样的鸡蛋形，它们之间靠脖子相连，不论鸟呈现何种姿态，头和身体这两个鸡蛋形状是不变的，而脖颈、嘴、翅膀、尾巴、腿爪都是可动的（见图60、图61）。

图60 各种鸟类的几何形分析

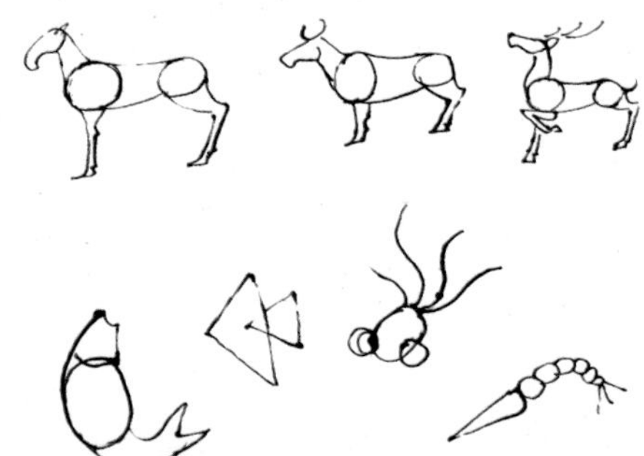

图61 其它动物的“几何法”分析

所谓“比例法”则是把所画对象的各部位大小长短用比例的形式确定下来，这样在比例上就不会出错，比较准确。例如天鹅的脖子长度与身体长度之间是1：1的关系，仙鹤的腿长应是身高的一半，金鱼的尾长与身长相等（见图62）。

需要说明的是，“几何法”、“比例法”是训练造型能力的一种行之有效的方式，并不是说你在盘子上画画的时候一定要把这几何形和比例关系都画出来，而是把这几何形和比例关系装在心里，成竹在胸，这样画的时候就简单容易了。

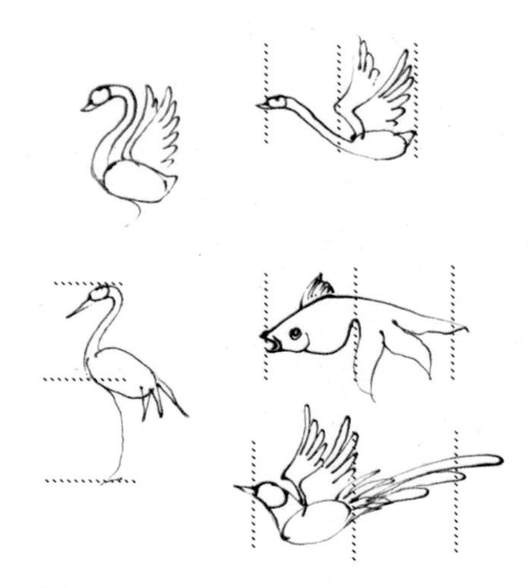

图62 比例法的应用

1.9 分染技法介绍

分染技法，在画比较细致的工笔风格的果酱画时经常用到，就是使画出来的花瓣或叶子有颜色上的浓淡深浅的变化。

分染技法常见的有四种。

1. 单一颜色分染。就是用果酱笔的笔尖将画出来的单一颜色的果酱向外端反复刮抹，使果酱逐渐变薄，从而出现由深至浅的变化（见图63）。

2. 单色与无色果酱结合使用的分染。就是将有色果酱和无色透明果酱分别涂在花瓣（或叶子）的不同部位上，然后用笔尖反复勾抹两种果酱的交界处，从而出现颜色的深浅变化（见图64）。

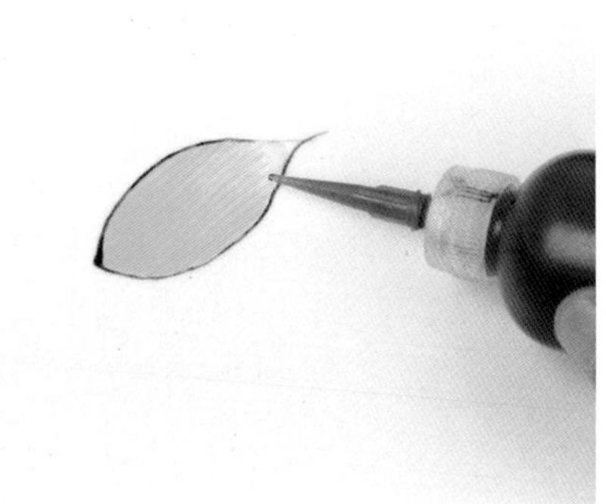

图63 单一颜色分染

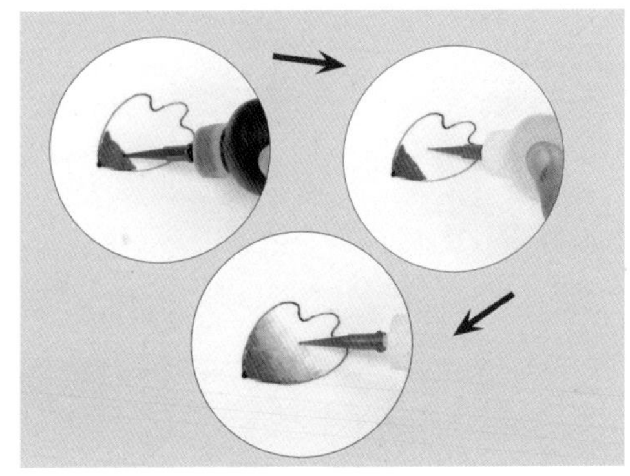

图64 有色与无色果酱分染

3. 分层分染。先涂一层底色，然后在底色上面画出小块颜色，再用笔尖向其它地方勾涂，从而出现颜色的深浅变化（见图65）。

4. 分块分染。将不同颜色的果酱挤在花瓣（或叶子）的不同部位，然后用笔尖将交界处反复勾涂（见图66）。

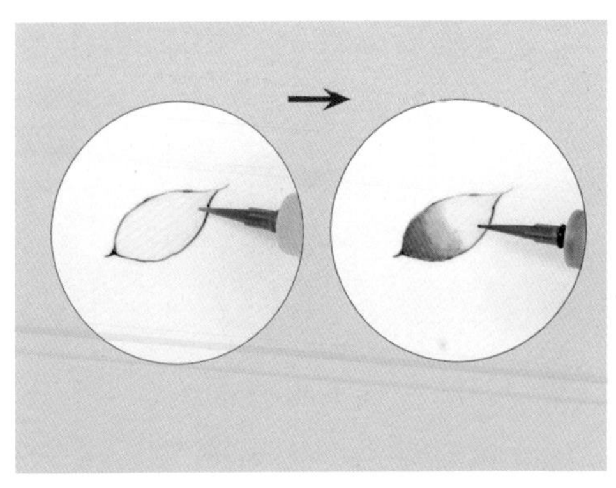

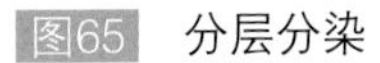

图65 分层分染

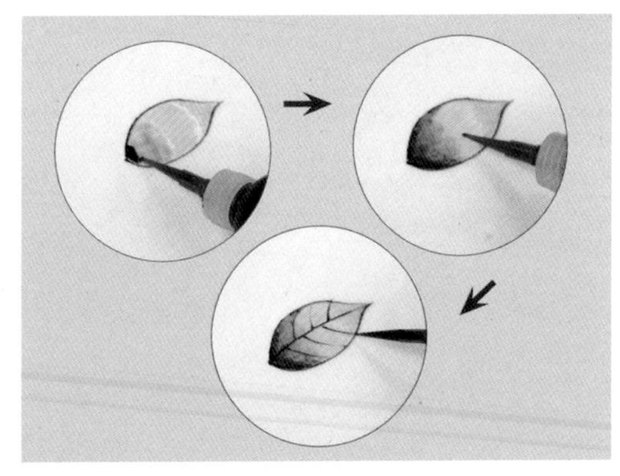

图66 分块分染

实行分染技法时应注意下面几点：

1. 果酱厚度适宜，太薄了不容易出现分染效果，太厚了，画出的叶筋容易扩散（串色）。

2. 选用细笔头分染，这样一是挤出的颜色不会过厚，二是在勾涂不同颜色交界处时，比较均匀。

3. 分染应在果酱画出后一气呵成，不能等一种颜色干了以后再画另一种颜色。

4. 画叶筋时也应掌握好时机，应等叶子上的果酱快干还没干时画出黑色筋脉，画早了，叶筋容易扩散，画晚了（叶子上的果酱干了），画出的线条不流畅（见图67）。

图67　掌握好画叶筋的时机

1.10　果酱颜色的调配

对于初学果酱画的朋友来说，准备6～7种颜色的果酱就差不多足够了，通常是黑、棕（巧克力）、红、黄、绿、橙、蓝几种，在买来的无色果酱中加入各种颜色的色素搅拌均匀，装入果酱瓶中即可。如果是买来现成的有颜色的果酱，其颜色一般是浓度不够，需要自己再补加些色素调匀。

黑色果酱的调法，最简单的方法是能买到黑色色素，如果买不到，可用红黄蓝三种色素按1：1：1的比例混合即可，如果混合后觉得颜色不是纯黑，有些偏色（通常是偏绿或偏蓝），那么再少加点红色调整一下就可以了。

还有一种调黑色果酱的方法，在无色果酱中加入足够量的棕色色素搅匀，然后加入少量紫色和绿色即可成为黑色。大致的比例是棕：紫：绿按7：2：1混合（这个比例仅供参考）。

有时，手头的果酱颜色不是太丰富，可以用几种基本颜色的果酱互相混合，从而调出比较丰富的各色果酱。比如：

红+黄=橙　　红+蓝=紫　　黄+蓝=绿　　红+黄+蓝=黑

需要说明的是，上面这些，只是定性地对各种颜色的混合做一个分析，而颜色混合时，色素的比例和多少对最后颜色的形成影响很大，比如红色加黄色是橙色，我们只需在黄色里少加一点红色就是橙色了，红色多加多了，就是很浓的橙红色，而红色只加一点点，就是橙黄色。想调绿色果酱，只需在无色果酱中加适量黄色和少量蓝色即可，如果黄色和蓝色按1：1比例混合，则调出很浓的蓝绿色果酱。

如有需要，我们可将各种色素按不同数量不同比例混合，即可得到下例各种颜色的果酱：深红、红、浅红、粉色、橙红、橙、橙黄、黄、深蓝、中蓝、浅蓝、墨绿、深绿、中绿、浅绿、深紫、紫、浅紫、深棕、棕、棕红、棕黄、黑、中黑、深灰、浅灰、白色、无色等。

1.11 关于果酱画颜色的使用要点

1. 果酱画的颜色要浓淡适宜，太浅了感觉画面发飘，不厚重，不美观，太重了感觉死板，压抑，不灵动。

2. 一幅果酱画，一定要有黑色或棕色做骨架或主体才好看，不能只有红绿黄蓝色，这和画国画、油画是一个道理。有黑色或棕色，果酱画才有气氛。

3. 了解一些色彩搭配方面的常识，对画好果酱画很有帮助，无论哪种颜色，用得太多、太重都不好看，而有些大面积色彩搭配不合理，效果也不好，比如人们常说："红配绿，一台戏"，"红配蓝，招人烦"等，意思是说，大块的红配大块的绿（或大块的红配大块的蓝），不好看。不是说红和绿不能搭配使用（有句话叫"红花还要绿叶配"），而是注意红绿色搭配的比例，还要注意颜色的深浅。

4. 黑色和棕色是比较中性的颜色，适合与各种颜色的菜肴搭配，所以在果酱画中经常使用，有些颜色是偏中性的，如灰色、橙色、浅绿色等，建议经常使用。

1.12 关于果酱笔的保存

1. 果酱笔应在密封盒内保存（不能放在过于干燥的地方），防止果酱脱水变稠，影响使用。

2. 果酱笔应直立放置，防止果酱流出。

3. 果酱笔头要保持干净，经常用温水清洗，防止堵塞。

4. 果酱笔应放在低温的地方存放，防止果酱发酵产气从笔尖部溢出。

5. 避光保存，不要放在有阳光照射的地方，防止色素退色。

第二部分

果酱画技法

2.1 图案部分

❶鲜藕

第一步　用手指抹出藕节。

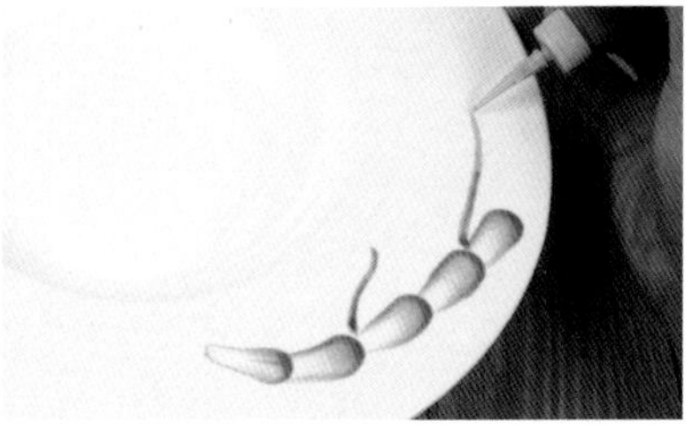

第二步　画出绿茎。

第三步　画出绿叶。

第四步　用黑色果酱画出叶筋、茎上的毛刺和藕须。

第五步　完成。

②松毛菊

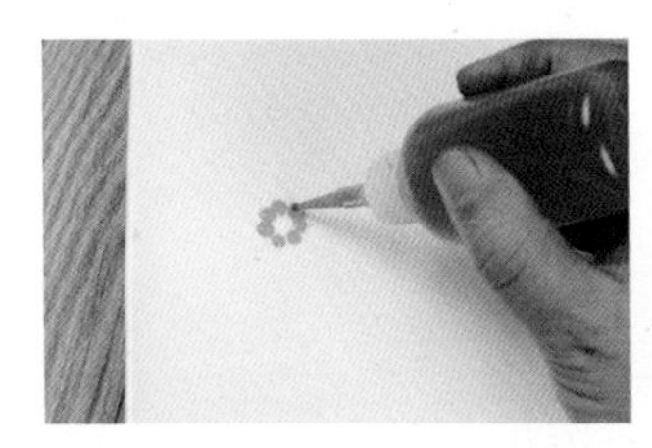

第一步 用橙色果酱画一个圆圈。

第二步 点上红色圆点。

第三步 用棉签挑出花瓣。

第四步 用黑色果酱画出花心。

第五步 再画出黄色花心。

第六步 画出曲线。

第七步 再画出一朵小花。

第八步 画出几个绿点，用手抹开。

第九步 完成。

③花季

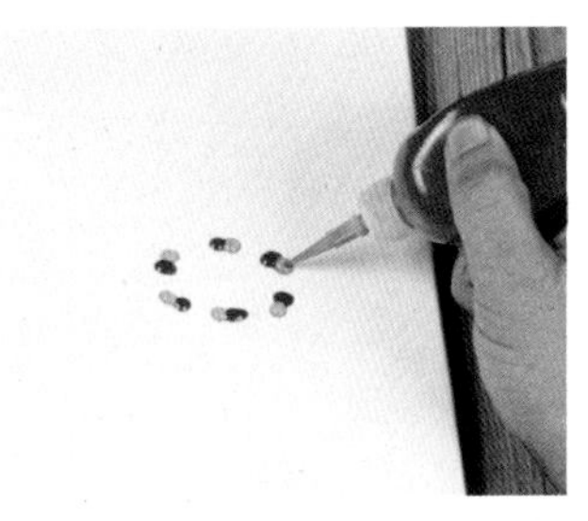

第一步　先点上一圈红色果酱，再点一圈黄色果酱（红黄相邻）。

第二步　用手指擦出花瓣。

第三步　用黑色果酱画出花心。

第四步　画出曲线。

第五步　用手指抹出花蕾。

第六步　再画出一朵侧开的花。

第七步　用牙签挑出花蒂。

第八步　用手指抹出绿叶。

第九步　画出绿叶上的纹理。

④小野花

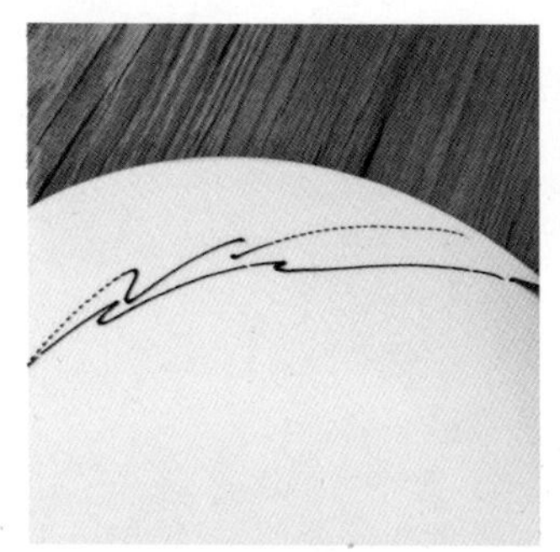

第一步　画出曲线。

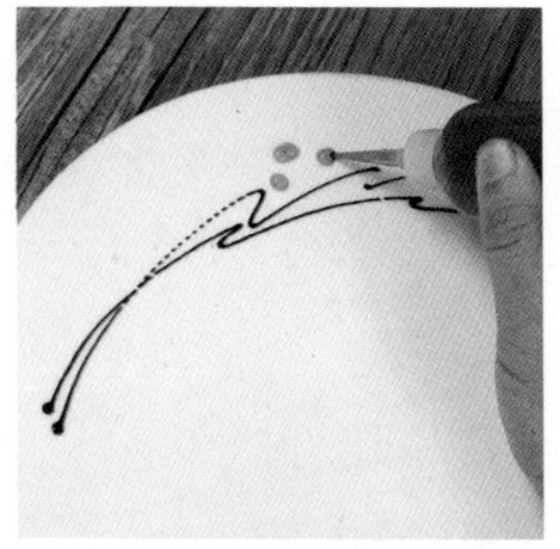

第二步　挤出橙色圆点。

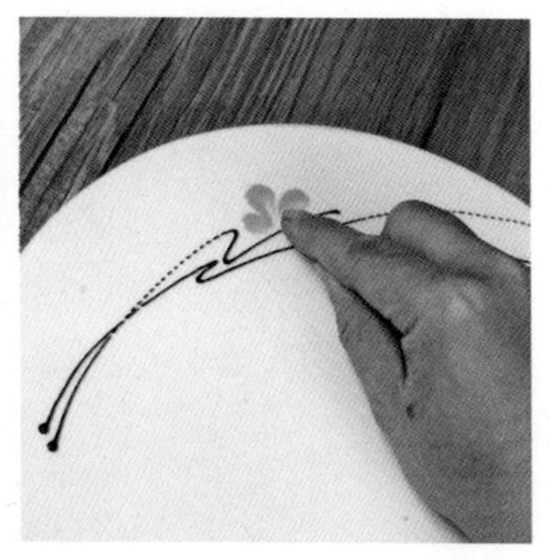

第三步　用手指抹出花瓣。

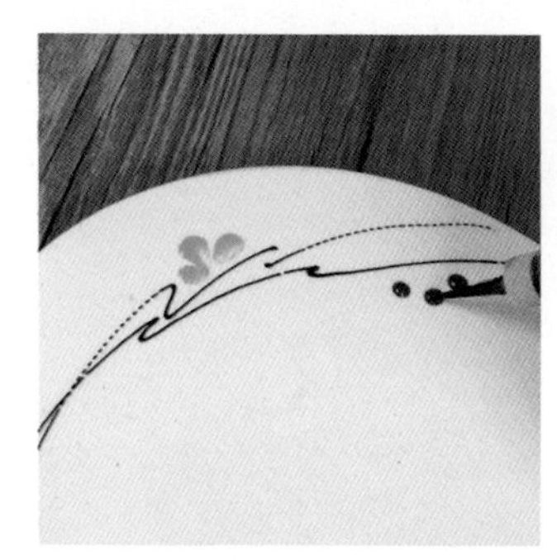

第四步　再点三个红点。

第五步　用手指摸出红色花瓣。

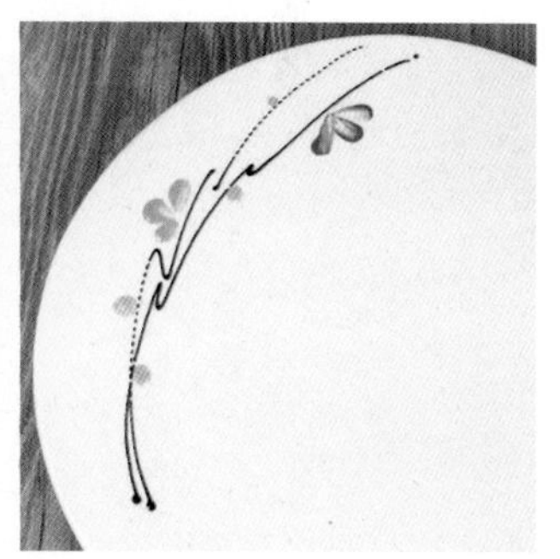

第六步　完成。

⑤双色花

第一步　先画一段曲线，然后点出一圈红点。

第二步　在红点周围点上橙色圆点。

第三步　用红点擦出花瓣。

第四步　挤出黑色花心，用牙签挑出花蕊。

第五步　用绿色果酱挤出花心。

第六步　用同样方法再画出一朵花。

第七部　用手指抹出绿叶。

第八步　点上几个绿点即可。

6 串红

第一步　画出曲线。

第二步　画出另一条曲线。

第三步　用墨绿色果酱画出小草。

第四步　用纸片划出草叶。

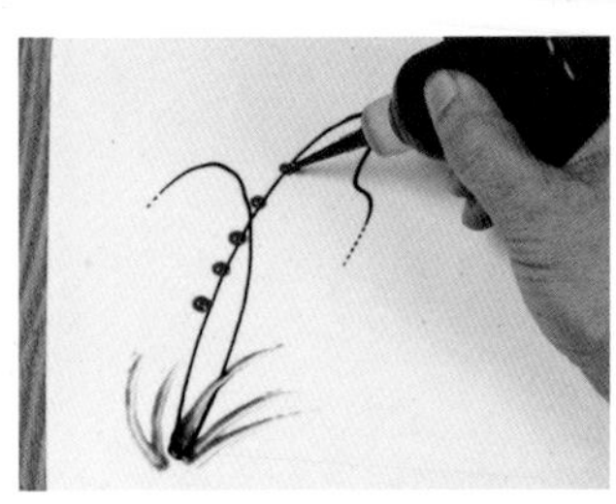

第五步　点出红点。

第六步　完成。

7 半菊

第一步　点上几个棕色果酱点。

第二步　在棕色果酱点周围挤上橙色果酱。

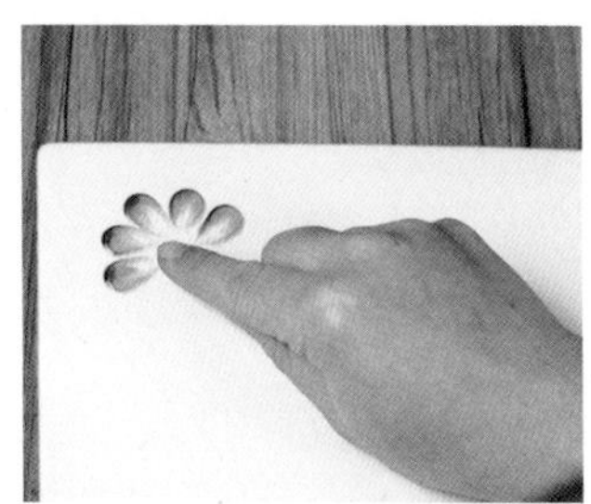

第三步　用手指抹出花瓣。

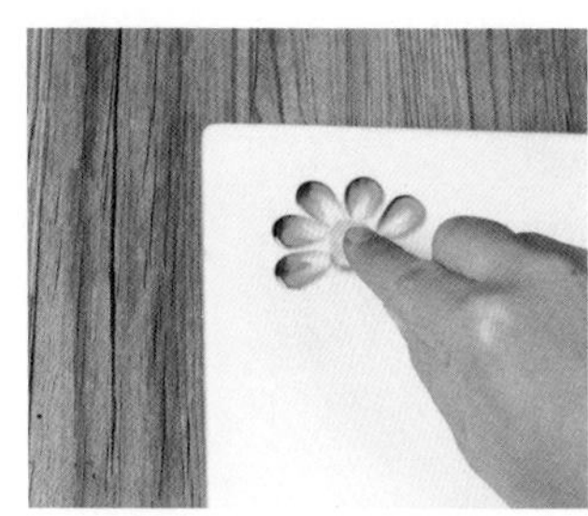

第四步　点上绿色果酱并用手抹平。

第五步　画出曲线。

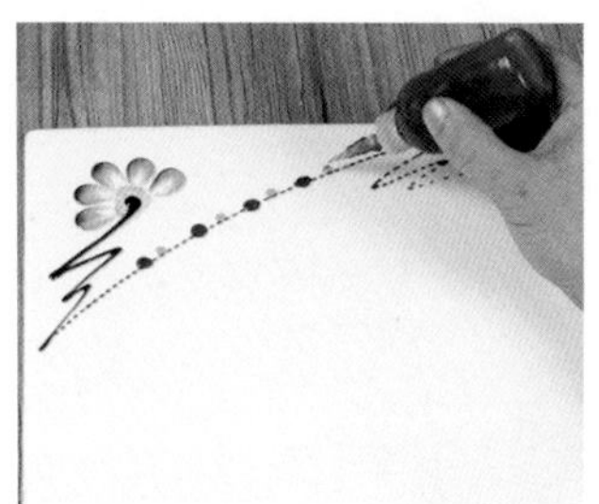

第六步　点上红点和绿点。

第七步　完成。

8 棉签画玫瑰

第一步　用红色果酱画出一个圆。

第二步　用棉签划出两片花瓣。

第三步　再划出花心。

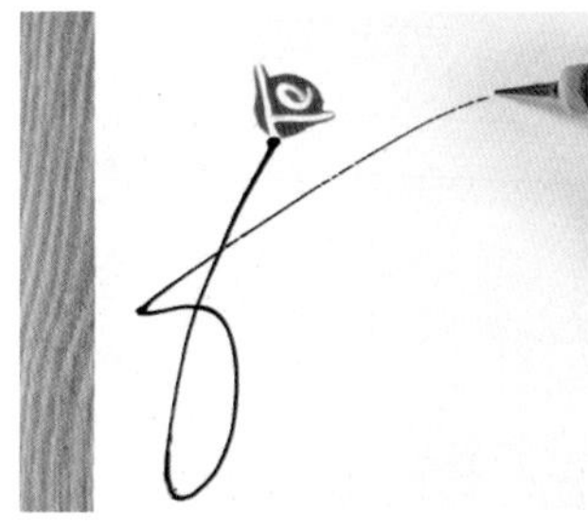

第四步　用黑色画出花枝。

第五步　挤出一段黑色果酱。

第六步　用大拇指侧面擦出叶子。

第七步　画出叶筋，点缀几个红点。

第八步　完成。

9 竹签画玫瑰

第一步　用无色果酱画出一硬币大小的圆。

第二步　用红色果酱画出一指甲盖大小的圆。

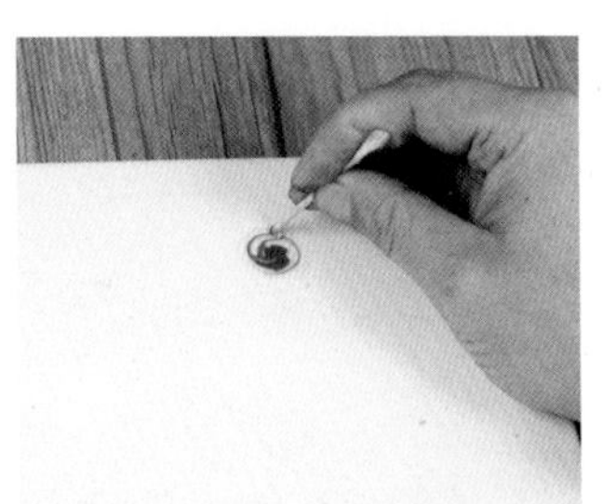

第三步　先用牙签挑出几个圆。

第四步　再向两侧挑出开放状的花瓣。

第五步　同样方法再画一朵玫瑰花，画出藤蔓。

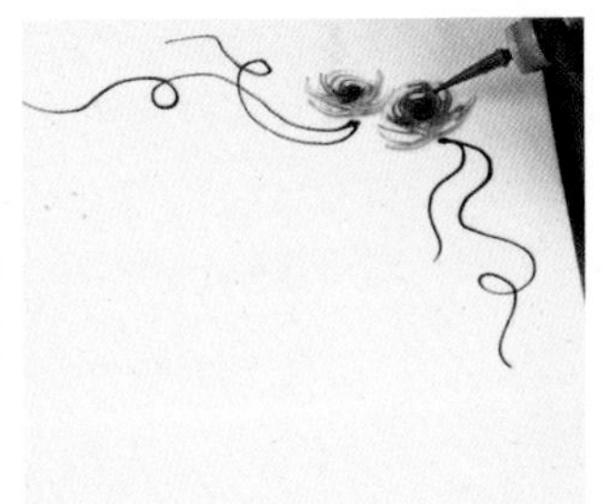

第六步　在花心部画出一点阴影。

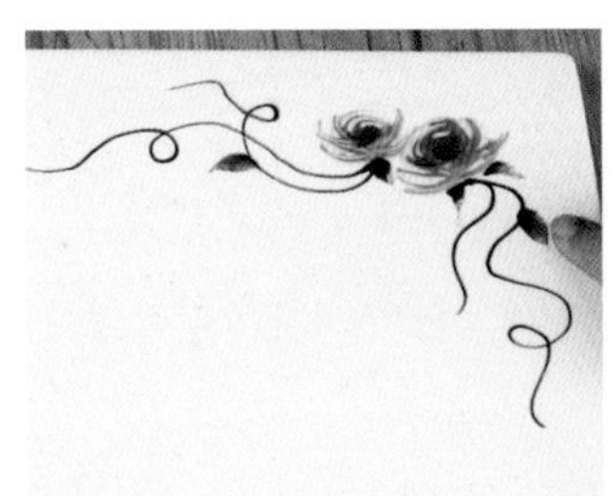

第七步　用手指抹出叶子。

第八步　完成。

⑩毛笔画玫瑰

第一步　用毛笔饱蘸果酱画出一长两短花瓣。

第二步　再画出两片花瓣。

第三步　画出两片大花瓣。

第四步　画出花心。

第五步　画出花茎，再用毛笔画出绿叶。

第六步　再画几片绿叶。

第七步　用黑色画出茎上的刺和叶筋。

第八步　完成。

11 手抹玫瑰

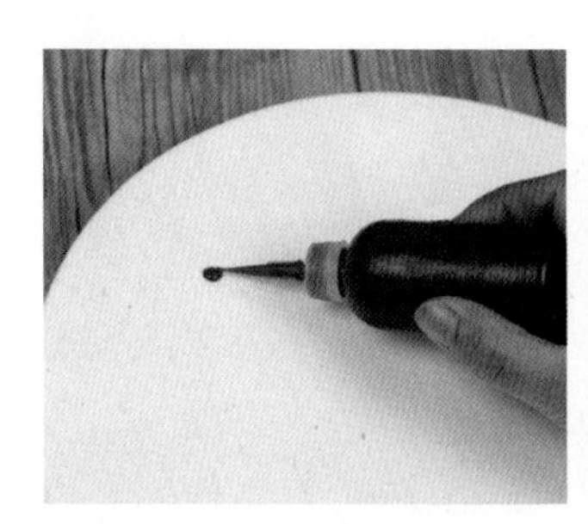

第一步　滴一大滴红色果酱。

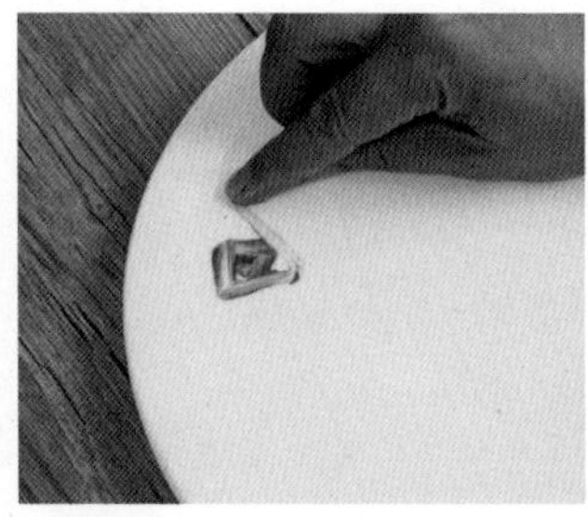

第二步　用手指螺旋画出玫瑰花心。

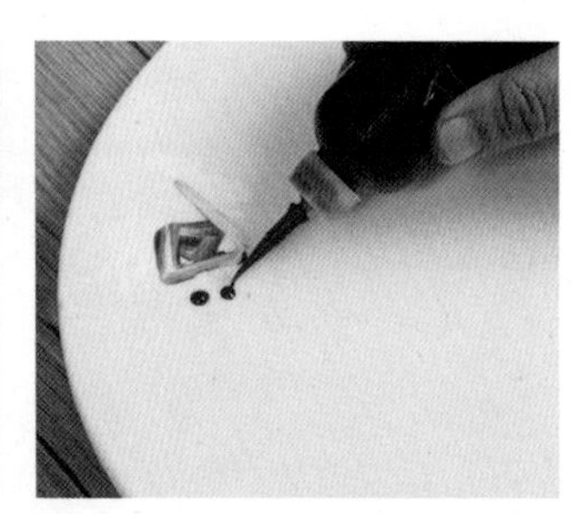

第三步　再挤两滴红色果酱。

第四步　抹出外层两片花瓣。

第五步　用黑色果酱画出花茎。

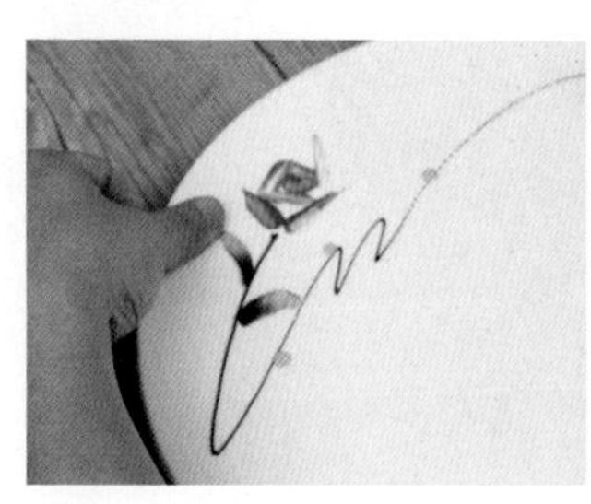

第六步　抹出两片叶子。

第七步　画出几点黄、绿色果酱即可。

⑫红果实

第一步　画出三条曲线。

第二步　点上三个棕色圆点。

第三步　用手擦出叶子。

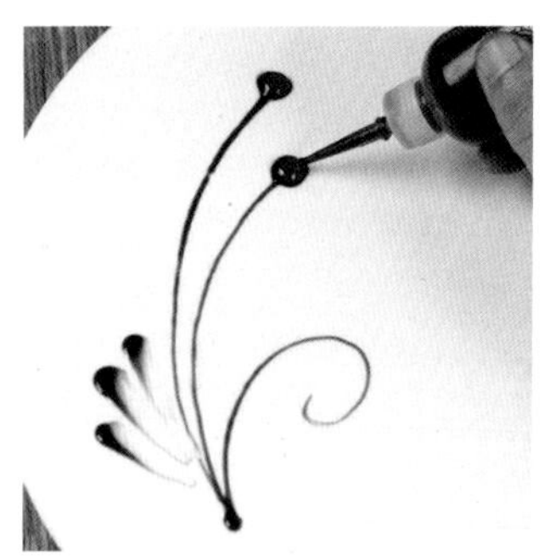

第四步　点上两个红点。

第五步　再补上一个叶子。

第六步　完成。

⑬ 棉签画菊

第一步　用棉签蘸果酱先画出花心部分的花瓣。

第二步　再画几片花瓣。

第三步　画出外层花瓣。

第四步　用牙签蘸黑色果酱画出花心。

第五步　画出黑色藤蔓，然后挤出绿色圆点。

第六步　将绿果酱抹成叶子即可。

⑭ 素颜

第一步　用棕色果酱画出几个小圆点。

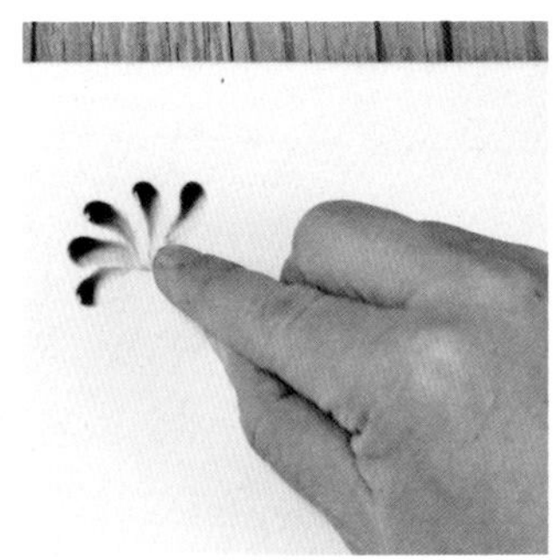

第二步　用手指抹出花瓣。

第三步　画出线条。

第四步　画出绿色、橙色色块。

第五步　再画几个红色圆点。

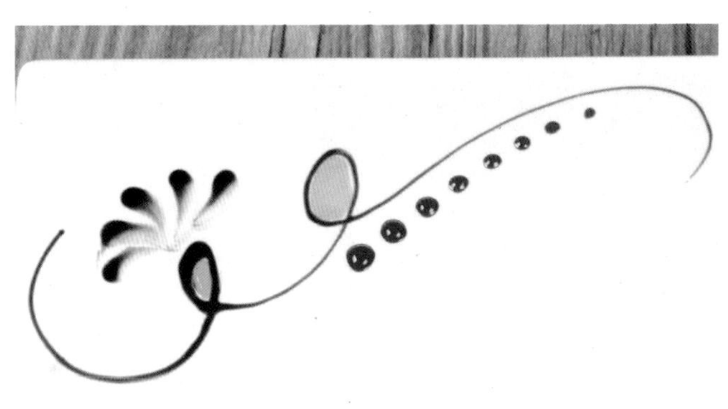

第六步　完成。

⑮倩影

第一步 点几个小圆点。

第二步 用手指抹出花瓣。

第三步 画出花茎。

第四步 再画两条藤蔓。

第五步 在藤蔓顶端画两个红色果子。

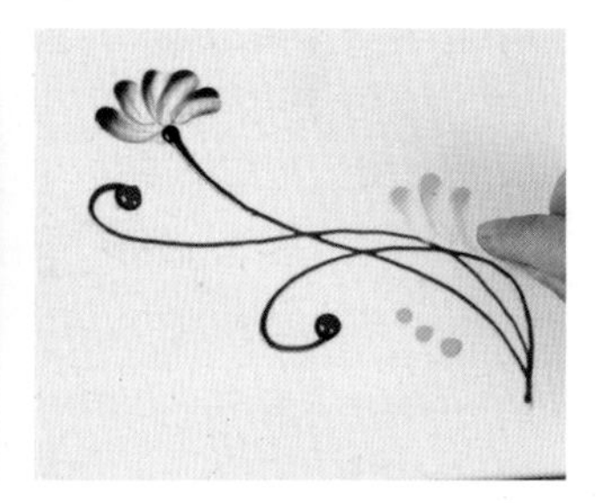
第六步 抹出两片绿叶。

第七步 完成。

⑯姐妹花

第一步　用无色果酱画出一硬币大小的圆（红色虚线内）。

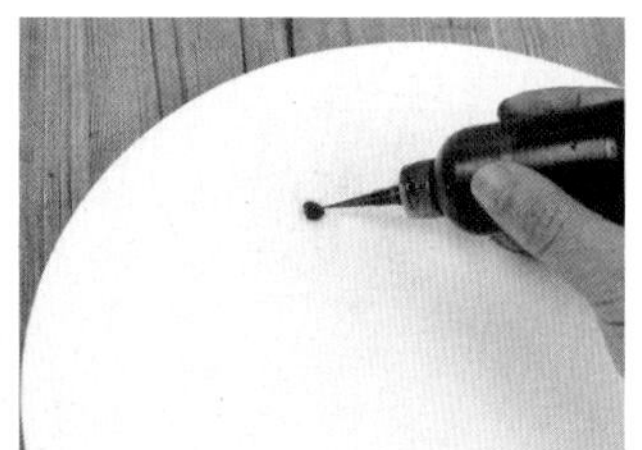

第二步　在无色果酱上挤出一点红色。

第三步　用竹签将红色果酱向外挑划圆圈，即画出花瓣。

第四步　用棕色画出花枝。

第五步　在花的下边缘挤两滴棕色果酱。

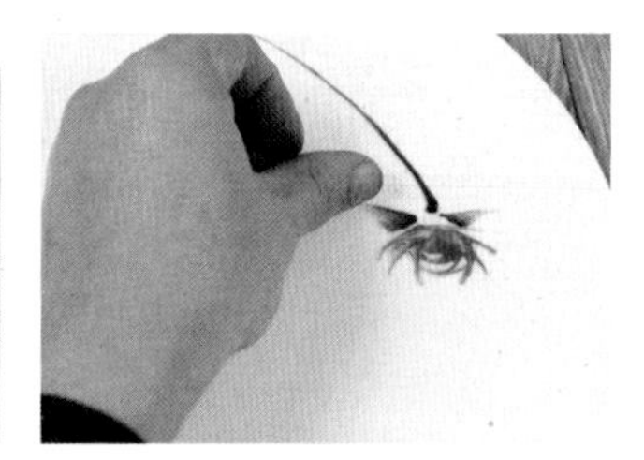

第六步　用手指擦出萼片。

第七步　再擦出枝上两片叶子。

第八步　用同样方法再画出一朵花。

第九步　画出枝、萼片和叶子即可。

⑰ 夜色

第一步 将巧克力果酱挤在盘边。

第二步 用手指将果酱抹平。

第三步 用棉签画出树干。

第四步 再画出树叶。

第五步 用果酱笔将树叶画尖，再用牙签画出小草。

第六步 用棉签画出椰果。

第七步 完成。

⑱ 鱿鱼

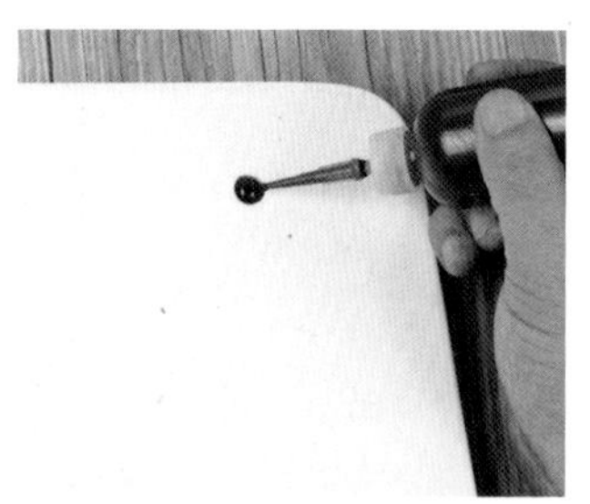

第一步　挤一大滴棕色果酱。

第二步　用大拇指抹出鱿鱼身体。

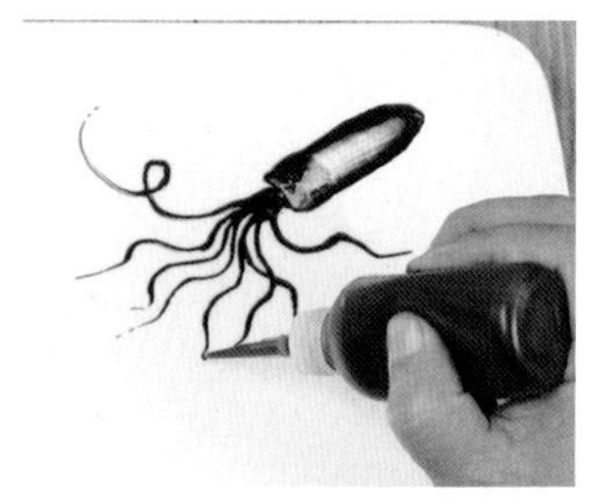

第三步　画出鱿鱼须。

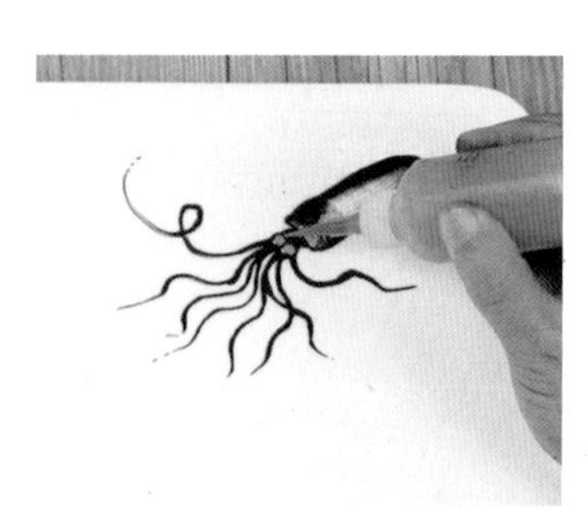

第四步　用黄色画出眼睛。

第五步　用棉签擦出两个鱼鳍。

第六步　画出蓝色曲线。

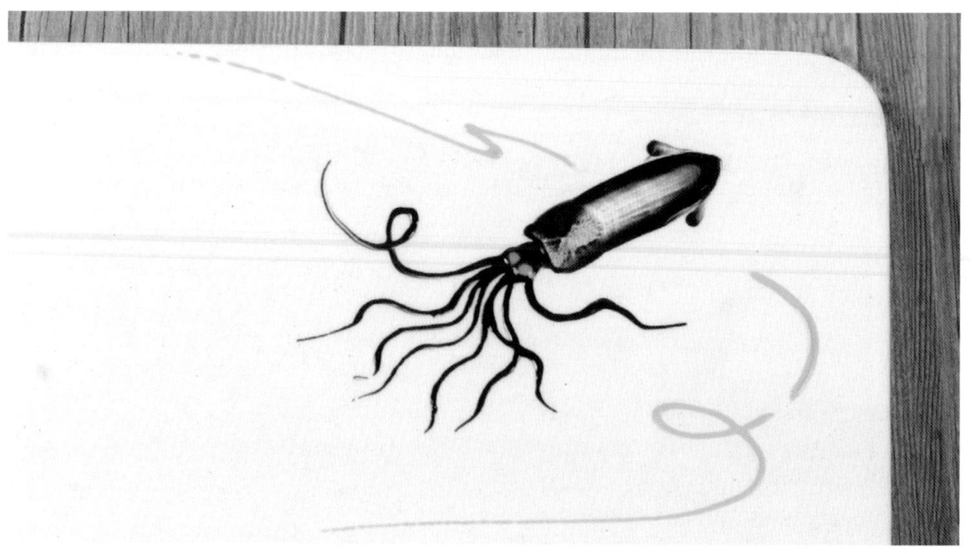

第七步　完成。

⑲ 草莓

第一步　画出藤蔓。

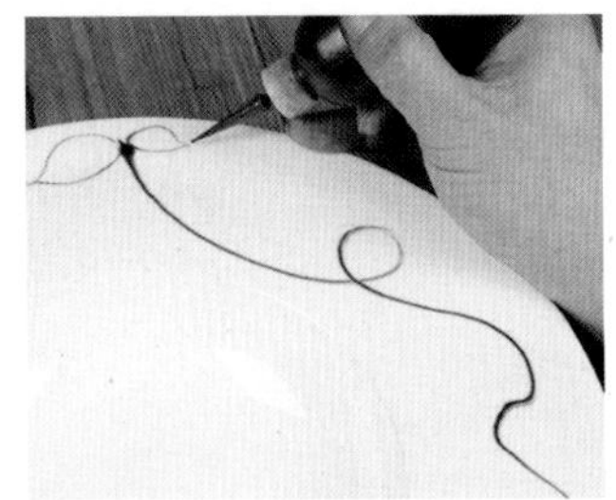

第二步　用黑色果酱画出叶子。

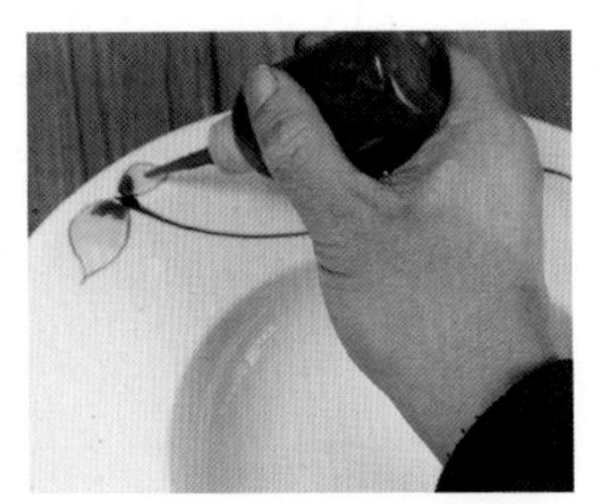

第三步　在叶子画上黑、绿、淡绿三种颜色，然后用笔尖在两种颜色交界处反复涂抹，出现渐变效果。

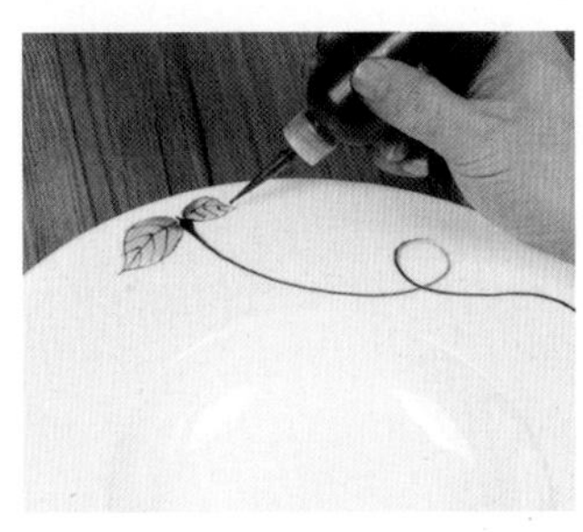

第四步　用黑色果酱画出叶筋。

第五步　画出红色草莓。

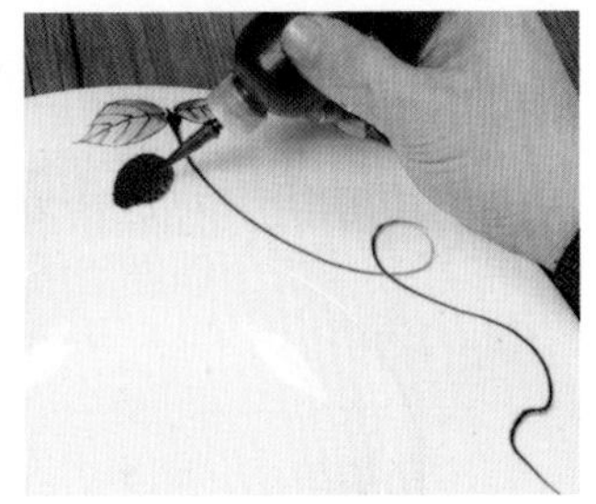

第六步　画出黑色小点。

第七步　再画出几个草莓和叶子。

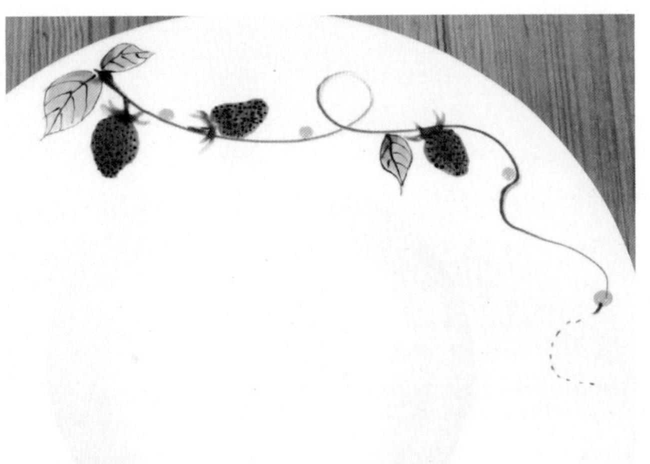

第八步　完成。

20 秋叶

第一步　用深黑色果酱画出几片叶子。

第二步　用中黑、中黄、淡黄色果酱分别涂在叶子上。

第三步　用笔尖在颜色交界处反复勾涂，使颜色过渡自然均匀。

第四步　画出黑色叶筋。

第五步　画出黑色树枝。

第六步　画出灰色影子。

第七步　完成。

2.2 书法部分

㉑好厨艺

第一步　写出草书"厨艺"。

第二步　加上草头。

第三步　用黑色果酱画出小鸟和眼、嘴。

第四步　画出头部，抹出小鸟身体。

第五步　画出小鸟的尾、爪。

第六步　画出另一只小鸟。

第七步　补画上尾、爪。

第八步　画两片绿点即可。

22 贺新春

第一步　写出“新春”两字。

第二步　画出梅花枝。

第三步　用棉签擦出较粗的树枝。

第四步　画出梅花瓣。

第五步　画出梅花花心，补画两朵浅色花朵。

第六步　在文字后面抹一点黄色果酱即可。

23 寿比南山

第一步 写出“寿比南山”。

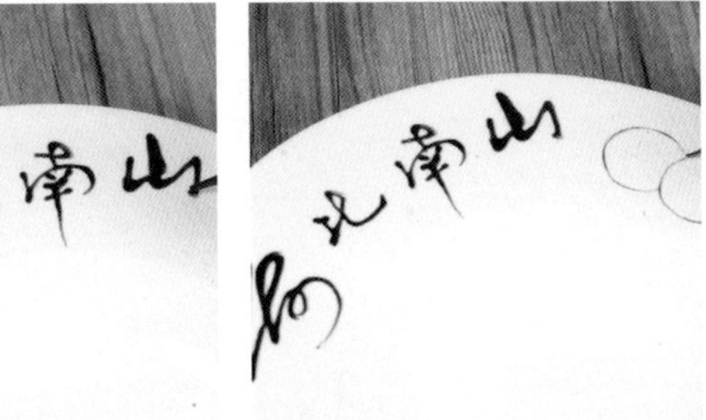

第二步 画出桃子的轮廓。

第三步 画出桃子上的凹痕和树枝。

第四步 先画一点红色果酱，然后用无色果酱画出过渡色。

第五步 画出其它部分颜色。

第六步 用毛笔画出绿叶。

第七部 画出树枝颜色。

第八步 完成。

24 金秋

第一步　写出“金秋”。

第二步　画出叶子轮廓。

第三步　画出几个红色果实，用橙色果酱画出几小圆点。

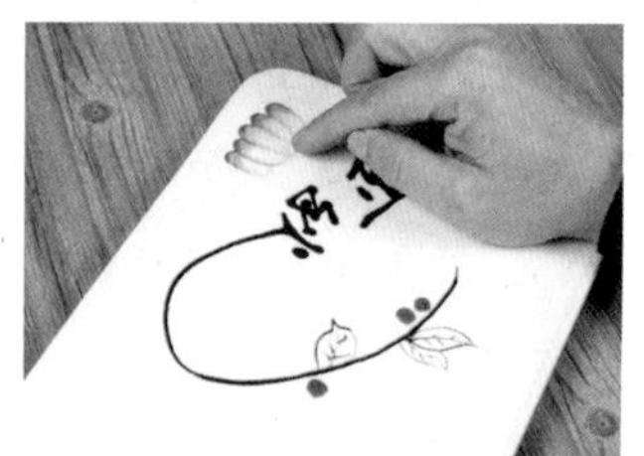
第四步　抹出南瓜形状。

第五步　用墨绿色画出瓜蒂。

第六步　画出果实蒂部。

第七步　画出橙色叶子。

第八步　完成。

㉕好好爱我

第一步　写出"好好爱我"。

第二步　用无色果酱画出两个一元硬币大小的圆。

第三步　在无色果酱上画出两个小红圆点。

第四步　用牙签挑出两朵玫瑰花。

第五步　用手指抹出几片绿叶。

第六步　再抹出两个心形。

第七步　完成。

26 阳光

第一步　写出英文。

第二步　用棕色果酱画出三个小圆点。

第三步　抹出一片蝴蝶翅膀。

第四步　用同样方法抹出另一片蓝色翅膀。

第五步　画出蝴蝶身体和须子。

第六步　点缀两个红点即可。

27 味道

第一步　写出"味道"两字后先用手指抹出小鸟的头部。

第二步　再抹出小鸟的翅膀。

第三步　画出小鸟的眼睛和嘴。

第四步　画出翅膀上的黑色羽毛。

第五步　画出鸟尾。

第六步　再画出鸟的腹部和腿爪。

第七步　补画两朵小花即可。

28 欢聚

第一步　写出英文"Party"。

第二步　画出鸟的眼睛和嘴。

第三步　用手指抹出鸟的身体。

第四步　画出翅膀、尾。

第五步　画出腿爪。

第六步　画出另一只小鸟。

第七步　画出翅膀、尾、腿爪。

第八步　画出橙色鸟嘴和脸颊即可。

29 上善若水

第一步　写出"上善若水"。

第二步　用红色果酱画几个小圆点。

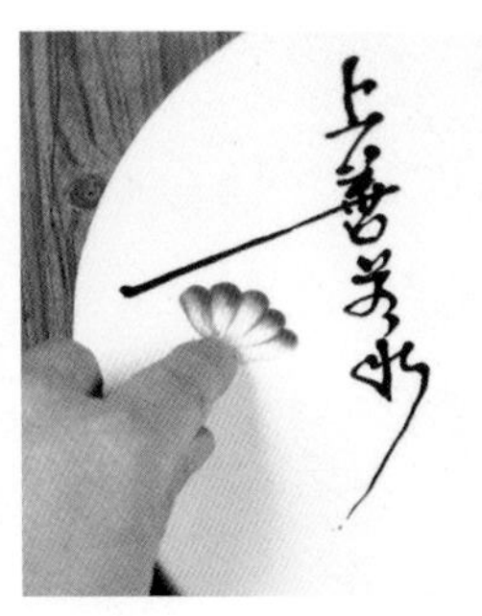

第三步　用手指抹出花瓣。

第四步　再画出几个小圆点。

第五步　用手指抹出另一部分花瓣。

第六步　用棉签将多余的部分擦掉。

第七步　画出花心，用手指抹出绿叶。

第八步　画出叶筋和藤蔓即可。

30 幸福

第一步　写出汉语拼音"Xingfu"。

第二步　用手指抹出几片花瓣。

第三步　画出花心。

第四步　用墨绿色画出一点色块。

第五步　用手掌抹出叶子。

第六步　用手指再抹出一片叶子。

第七步　完成。

㉛ 真爱

第一步　写出“真爱”。

第二步　补上缺的笔画。

第三步　画出小鸟的头、翅膀。

第四步　画出小鸟的眼、嘴、腹部。

第五步　画出尾巴和斑点。

第六步　画出另一只小鸟。

第七步　完成。

32 爱之花

第一步　写出英文"love"。

第二步　画出两个花枝。

第三步　用棉签蘸红色果酱画出两朵小花。

第四步　用牙签挑出黑色花心。

第五步　用手指抹出两片黑色的叶子。

第六步　在英文字母上涂上红绿颜色。

第七步　完成。

33 一帆风顺

第一步　用黑色写出“一帆风顺”。

第二步　用手指抹出绿色曲线。

第三步　用棉签抹出浪花。

第四步　用黑色画出帆船。

第五步　给帆和船涂上棕、黄色。

第六步　画几只海鸥。

第七步　完成。

2.3 花鸟画部分

34 喇叭花

第一步 用紫红色果酱画一弧线。

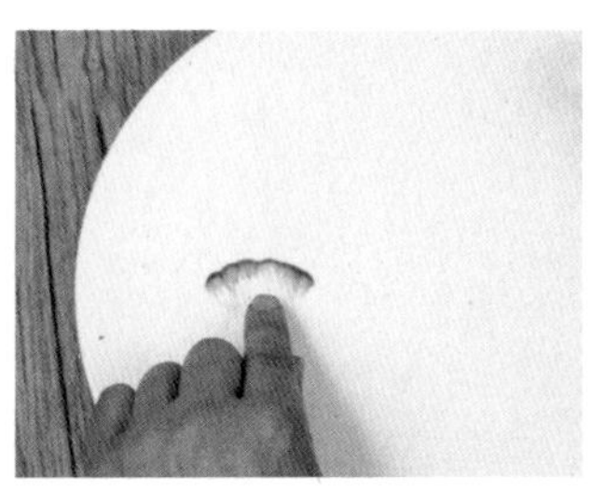

第二步 用手指抹出花瓣。

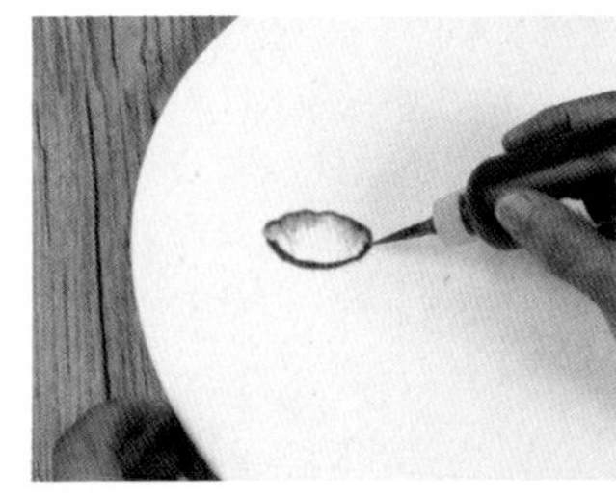

第三步 画出花的下半部圆弧。

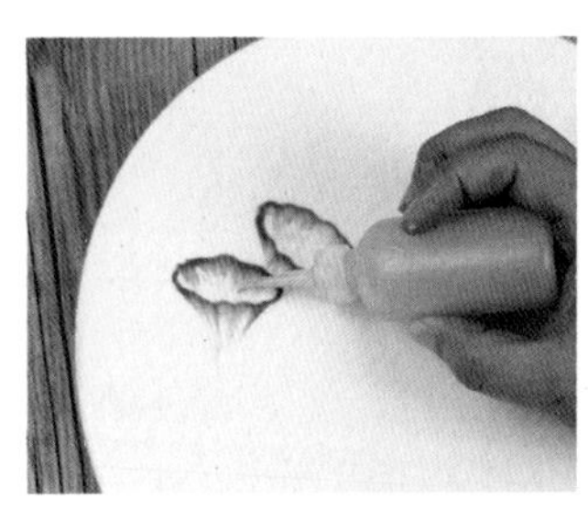

第四步 花心部画一点黄颜色。

第五步 用黑色画出花心和花朵根部。

第六步 用黑色果酱抹出几片叶子。

第七步 画出藤蔓和花蕾。

第八步 藤蔓上画几个小碎黄花即可。

35 花枝俏

第一步　画出三片花瓣。

第二步　画出另几片花瓣。

第三步　用毛笔蘸灰色画出几片叶子。

第四步　用灰色画出花枝。

第五步　用毛笔画出另外的叶子。

第六步　用毛笔画出花蕾。

第七步　用黑色画出叶筋。

第八步　在花心部画出黄色。

第九步　完成。

36 天鹅

第一步　用中灰色果酱画出天鹅脖子。

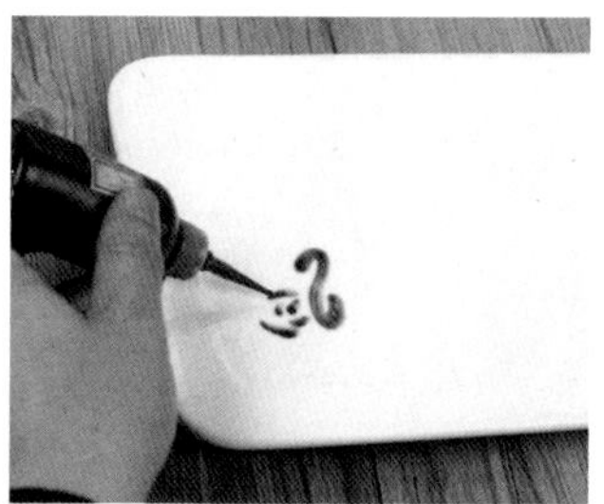
第二步　画出身体。

第三步　用黑色果酱画出头部和尾。

第四步　用黑色果酱画出另一只天鹅脖子。

第五步　抹出身体。

第六步　画出水中倒影和红色鹅嘴。

第七步　画出绿色垂柳即可。

37 高洁

第一步　用中黑色果酱画出荷花花瓣。

第二步　再画出外层花瓣。

第三步　用手指抹出荷花叶。

第四步　用深黑画出叶筋。

第五步　用绿色画出水草。

第六步　荷花瓣涂上淡黄色。

第七步　用红色、黑色画出蜻蜓。

第八步　完成。

38 恋秋

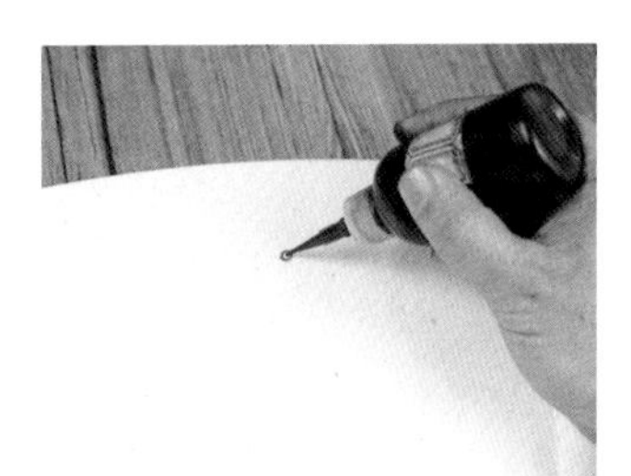

第一步　画出鸟的眼睛。

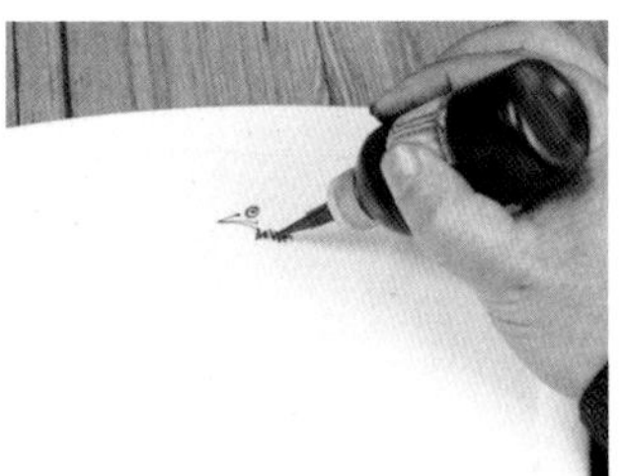

第二步　画出鸟嘴和脖颈上的毛。

第三步　用棕色果酱画出头冠，再画出两个圆点。

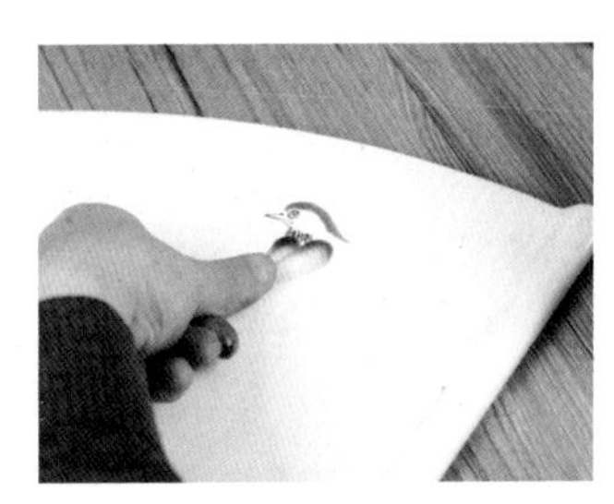

第四步　用手指抹出翅膀。

第五步　用黑色果酱画出翅膀尖部和尾巴。

第六步　用浅灰色果酱画出腹部，再画出腿爪。

第七步　画出树干和小花。

第八步　画出花心。

第九步　完成。

㊴ 石榴

第一步　画出树枝。

第二步　用黄色果酱画出石榴轮廓。

第三步　用橙色果酱画出石榴。

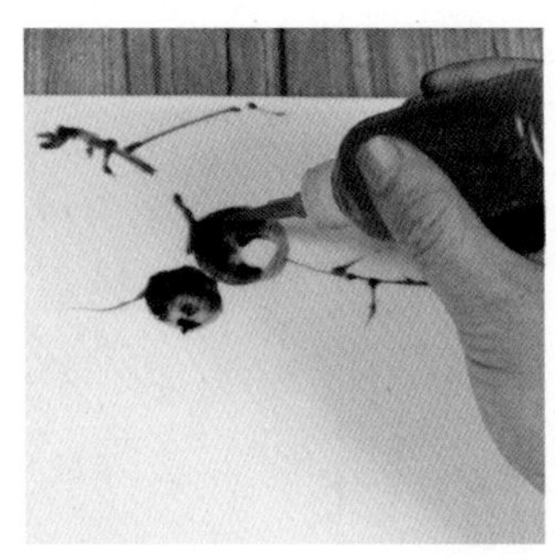

第四步　用黑色果酱画出斑点。

第五步　用红色果酱画出石榴籽。

第六步　用手指抹出绿色叶子。

第七步　画出叶筋。

第八步　完成。

40 四笔鸟

第一步　用手指抹出紫红色鸟头。

第二步　再挤两滴果酱。

第三步　抹出翅膀，再用黑色抹出鸟尾。

第四步　用黑色画出腹部和腿爪。

第五步　用棕黑色画出树枝。

第六步　抹出几片绿叶。

第七步　用黄、黑色画出几朵小花。

第八步　完成。

㊶浪子鸟

第一步　先挤一滴果酱，抹出鸟头部，再挤一滴果酱。

第二步　抹出鸟的身体。

第三步　同样方法抹出鸟的两个翅膀。

第四步　用黑色果酱画出鸟的眼、嘴、腹部曲线。

第五步　用毛笔蘸果酱画出翅膀上的羽毛。

第六步　画出鸟尾。

第七步　用棕色画出曲线，点缀几个橙、绿色圆点。

第八步　完成。

㊷ 白菜

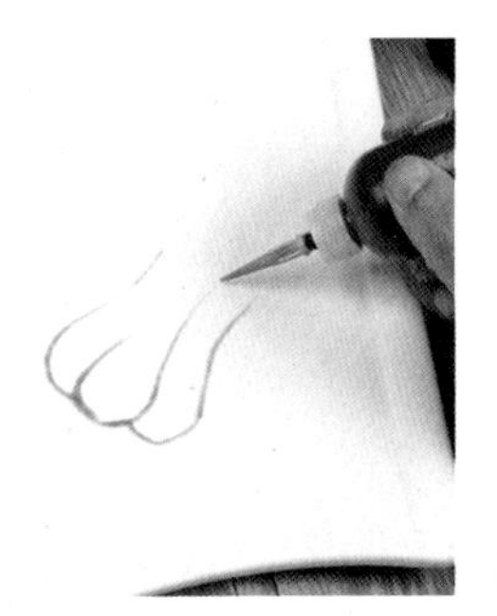

第一步　用灰色果酱画出白菜帮。

第二步　用黑色果酱画出白菜根须。

第三步　用手指抹出黄绿色菜叶。

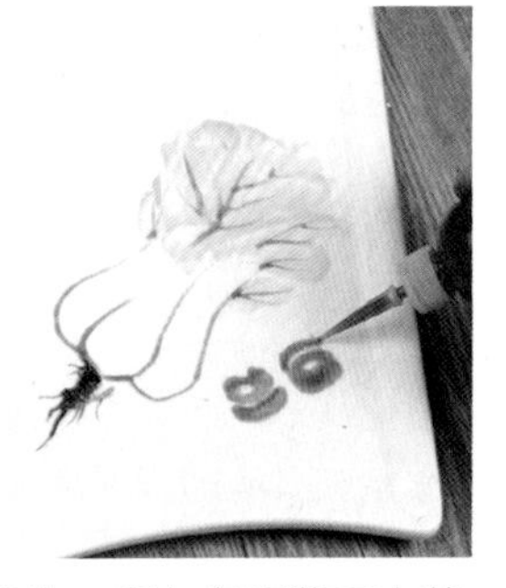

第四步　用灰色果酱画出菜叶上的筋脉，再用橙色果酱画出柿子。

第五步　用黑色果酱画出柿子的蒂。

第六步　用棉签抹出蝈蝈绿色头、尾和橙色翅膀。

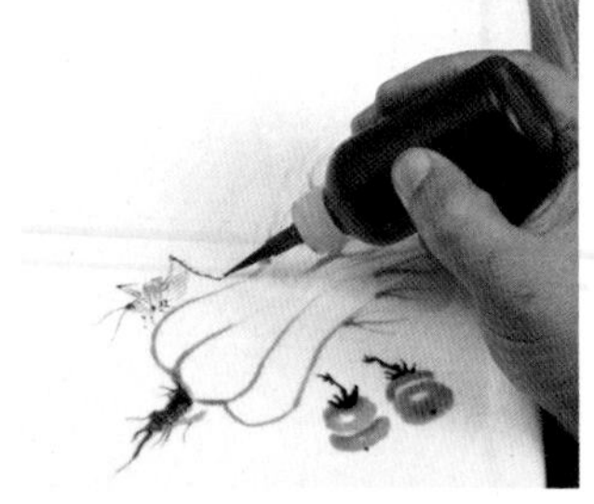

第七步　用黑色果酱画出蝈蝈的腿、爪、须。

第八步　完成。

43 花开季节

第一步　画出花的边缘。

第二步　用手抹出花瓣。

第三步　画出花的另一部分。

第四步　抹出花瓣。

第五步　用黑色果酱画出花心。

第六步　画出叶片、花枝、花蕾。

第七步　画出一只小鸟。

第八步　用棉签抹出尾巴。

第九步　完成。

44 花团锦簇

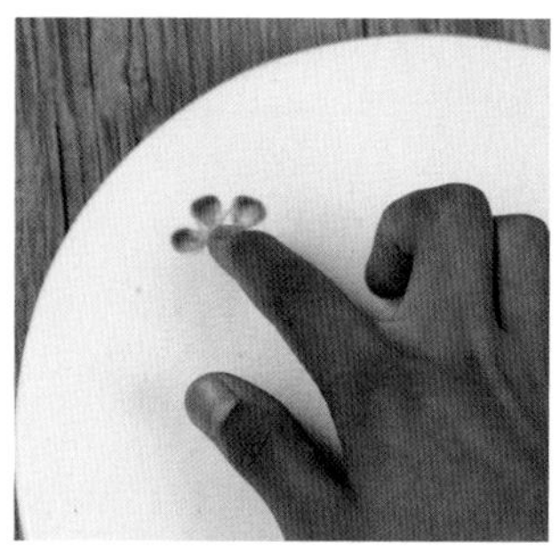

第一步　用中红色果酱抹出几片花瓣。

第二步　再画出圆形花瓣。

第三步　同样方法画出紫色小花。

第四步　再用深红色果酱画出一朵小花。

第五步　用黑色果酱画出花心。

第六步　用毛笔蘸黑绿色果酱画出叶子。

第七步　用棕色果酱画出曲线。

第八步　完成。

45 南瓜熟了

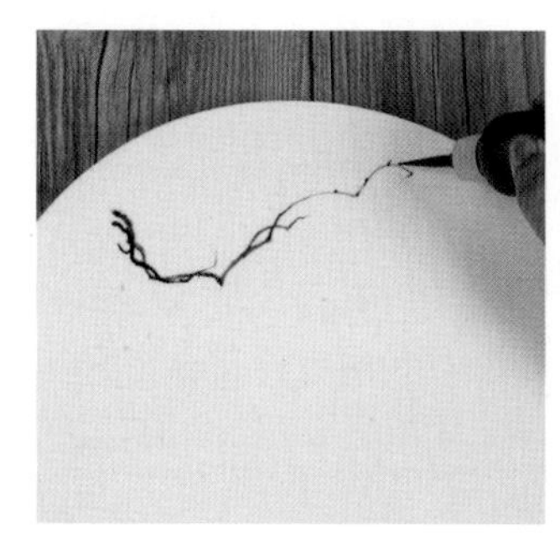

第一步　画出枝蔓。

第二步　用黑色和灰色果酱抹出几片叶子。

第三步　用黑色果酱画出叶筋。

第四步　用黑色果酱画出南瓜。

第五步　用橙黄、褐色果酱分染出南瓜。

第六步　画出南瓜纹理。

第七步　画出一只小鸟。

第八步　完成。

46 又到重阳

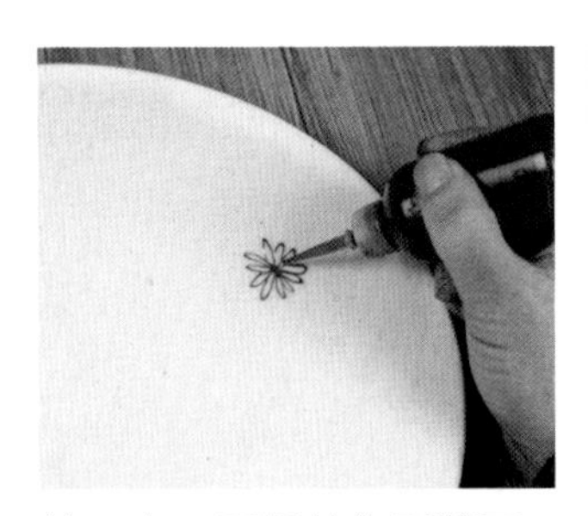

第一步　用橘黄色果酱画出小菊花。

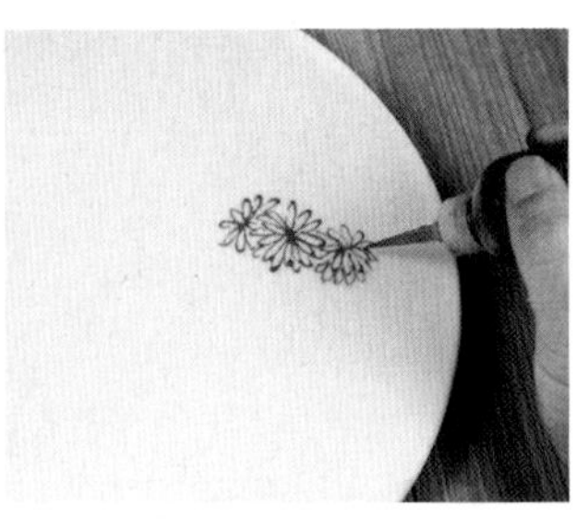

第二步　再画两朵小菊花。

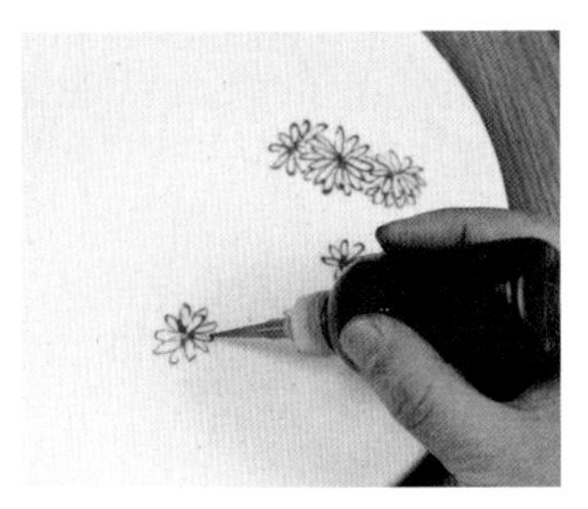

第三步　在其它位置上补画几朵小菊花。

第四步　用深灰色果酱画出花枝。

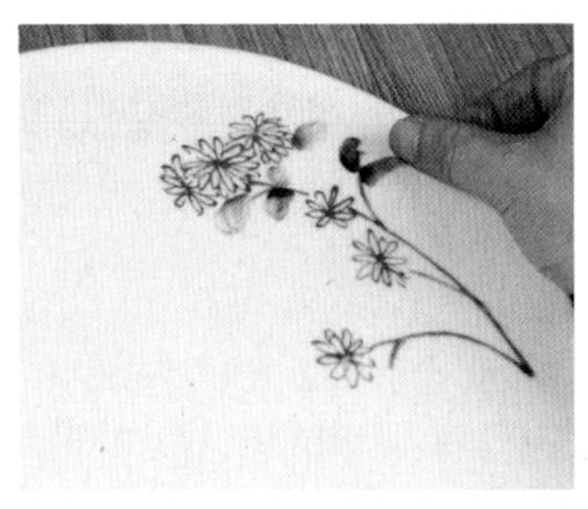

第五步　用手指抹出灰色叶子。

第六步　用黑色果酱画出叶筋。

第七步　完成。

47 兰花蝴蝶

第一步　用绿色果酱画出兰花叶子。

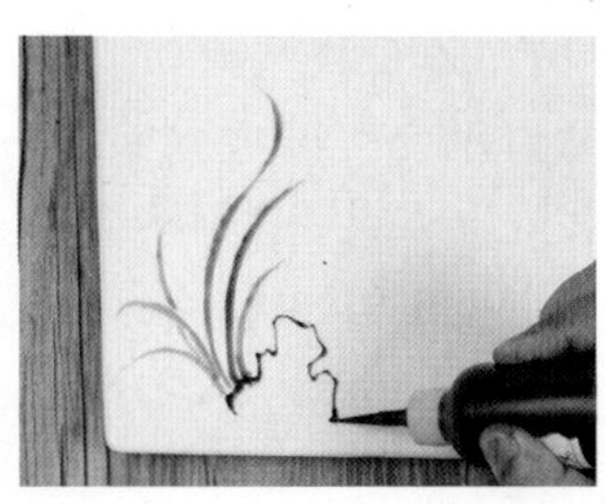

第二步　用中黑色果酱画出山石轮廓。

第三步　用手指抹出山石阴影，画出孔洞。

第四步　画出小花。

第五步　画上橙黄色果酱。

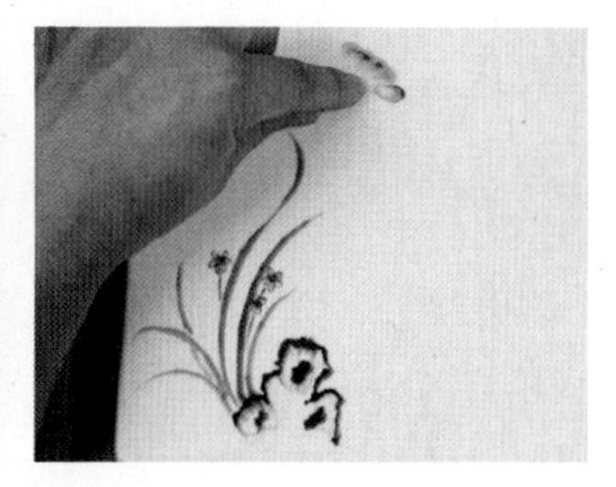

第六步　用橙黄色和棕色果酱抹出一片蝴蝶翅膀。

第七步　再抹出另一片翅膀。

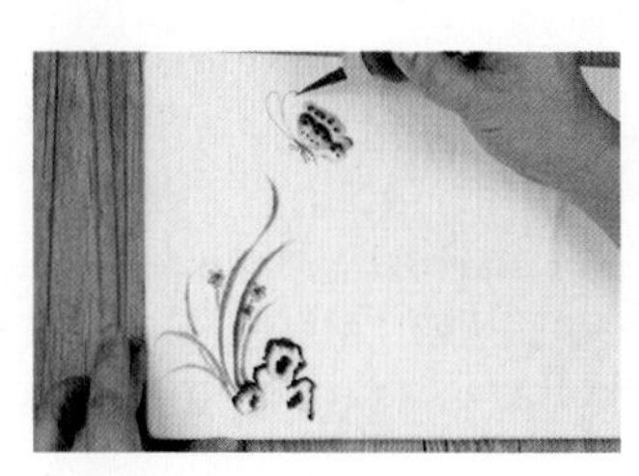

第八步　画出蝴蝶的身子和须爪。

第九步　完成。

48 秋叶

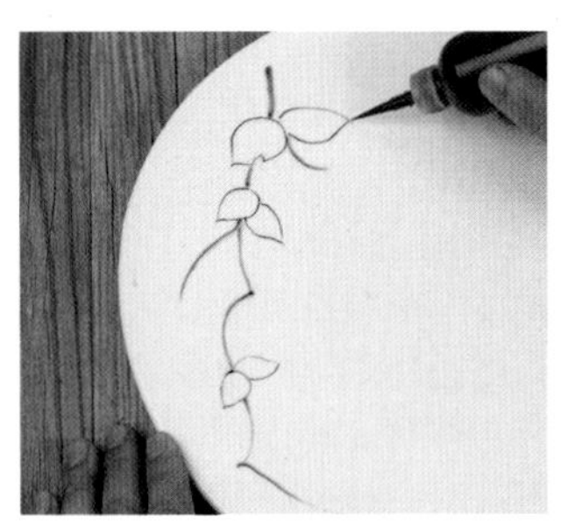

第一步　画出树枝和叶片。

第二步　将棕、橙、黄色果酱涂在叶片上。

第三步　在颜色的交接处反复涂抹，使颜色均匀，过渡自然。

第四步　用黑色果酱画出叶脉和树枝。

第五步　用红色果酱抹出小鸟的头、身和翅膀。

第六步　用黑色果酱画出小鸟的眼、嘴和翅膀。

第七步　再画出鸟尾。

第八步　完成。

49 春回大地

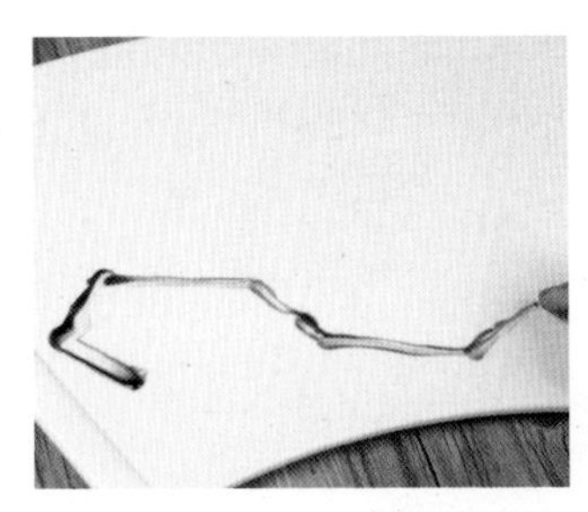

第一步　用手指抹出梅枝。

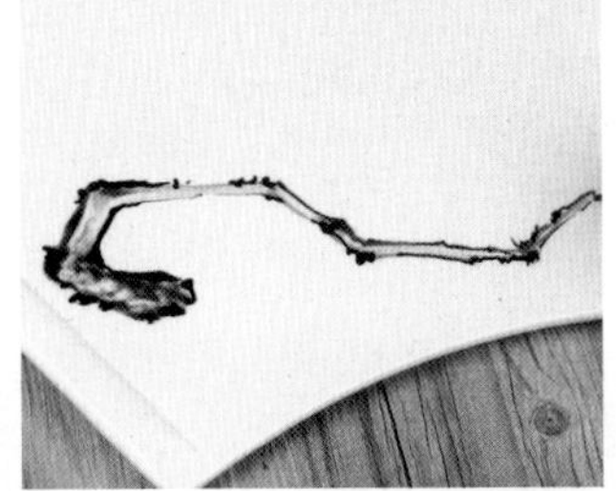

第二步　画出树枝上的斑节。

第三步　画出细小的树枝。

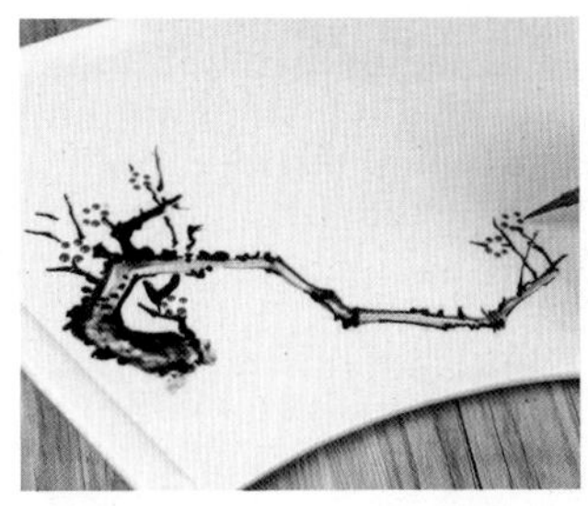

第四步　画出梅花花瓣。

第五步　先在花心部画一黑点，然后用牙签挑出花心。

第六步　画出一点黄色或其它颜色的花心。

第七步　完成。

50 葡萄小鸟

第一步　用棉签蘸红色果酱，画出（圈出）几颗葡萄。

第二步　抹出几片叶子。

第三步　用黑色果酱画出叶上的筋脉和藤蔓。

第四步　用手指抹出蓝色的鸟头、身和翅膀。

第五步　用黑色果酱画出鸟的眼、嘴、腹和尾。

第六步　用毛笔蘸黑色果酱画出翅膀羽毛。

第七步　画几朵黄色小碎花点缀即可。

51 花开富贵

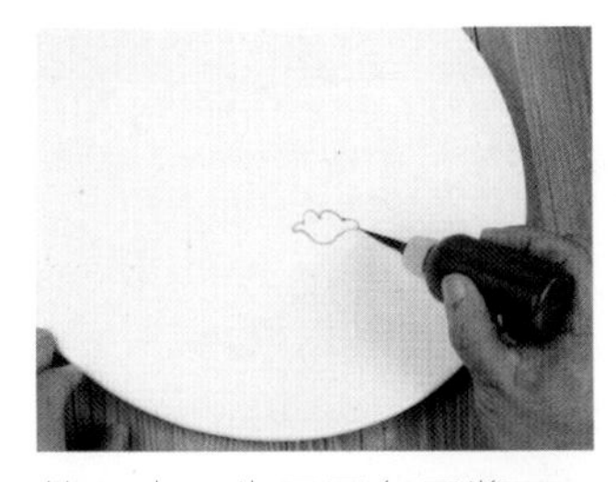

第一步　先用黑色果酱画出一个花瓣。

第二步　画出其它花瓣。

第三步　画出叶子。

第四步　用红色、无色、黑色果酱分染出一片花瓣。

第五步　分染出其它花瓣。

第六步　用黄、绿、黑色果酱分染出一片绿叶。

第七步　用黑色画出叶筋。

第八步　用同样方法画出其它绿叶。

第九步　先用黑色、红色果酱分染出花心，然后用黄色果酱画出花蕊。

第十步　完成。

52 蜜蜂与丝瓜

第一步　用绿色果酱画出两个水滴到形状。

第二步　用手指将果酱抹出条状。

第三步　用黑色果酱画出丝瓜。

第四步　画出丝瓜顶部的小黄花。

第五步　用手指抹出几片叶子。

第六步　用黑色果酱画出叶脉。

第七步　画出两只小蜜蜂。

第八步　完成。

53 小鸟芭蕉

第一步　挤出一点蓝色果酱。

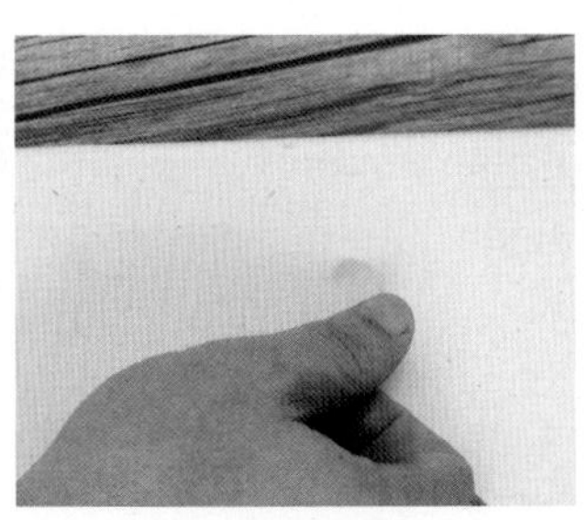

第二步　用手指抹出蓝色鸟头。

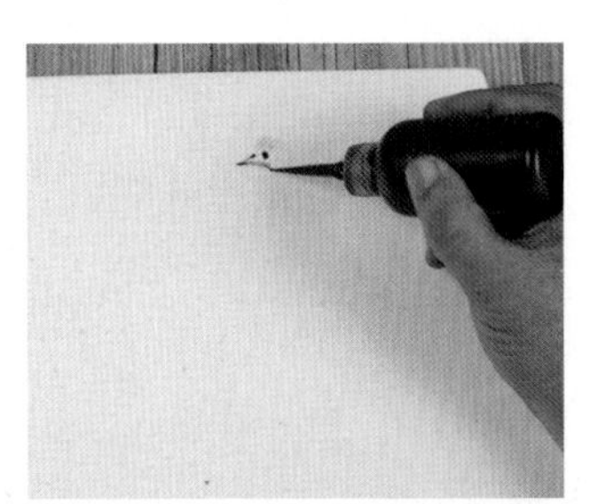

第三步　画出鸟的眼和嘴。

第四步　用牙签挑出喙上的毛。

第五步　画出鸟的背和腹部。

第六步　用黑色果酱画出鸟的翅膀、尾、和腿。

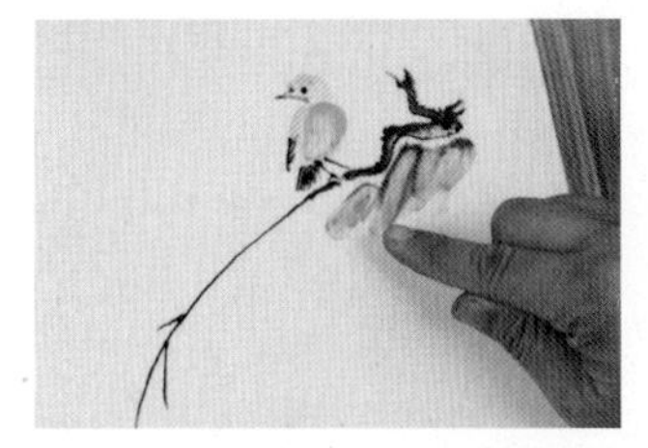

第七步　画出树枝，抹出树叶。

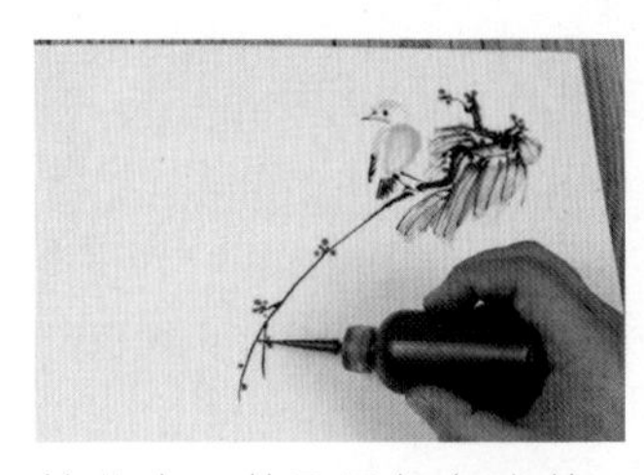

第八步　花几朵红色小花。

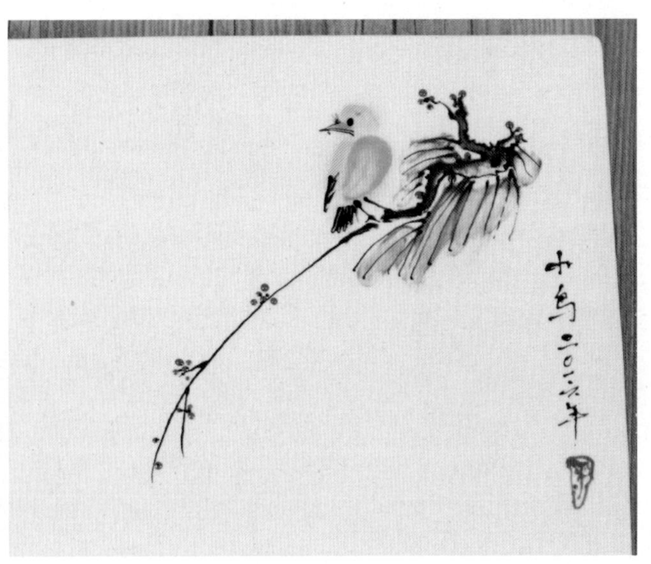

第九步　完成。

54 鸟语花香

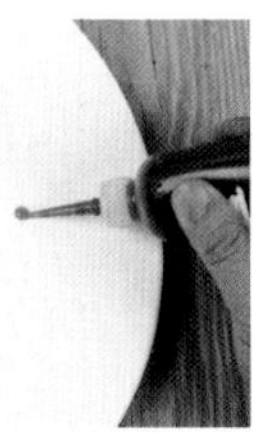

第一步　用蓝色果酱挤出一圆点。

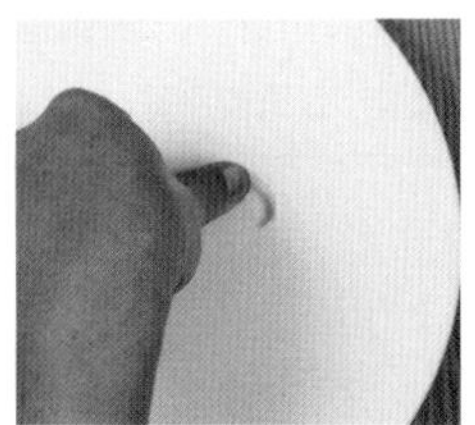

第二步　用手指抹出鸟头部分。

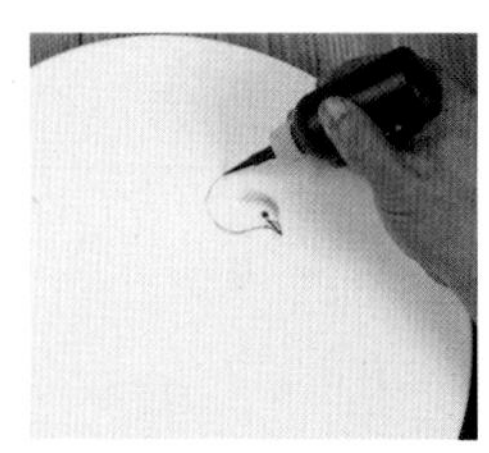

第三步　用黑色果酱画出鸟类的眼、嘴、腹部。

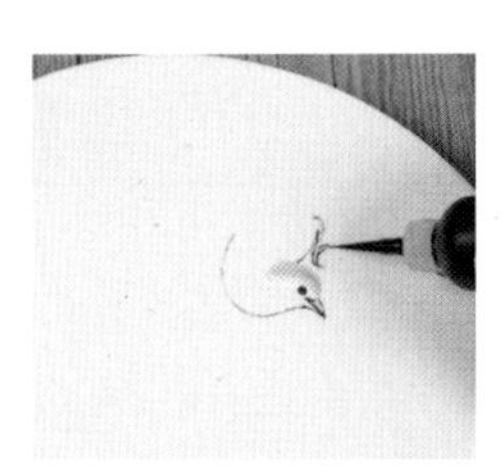

第四步　画出鸟腿。

第五步　挤两滴蓝色果酱，抹出翅膀。

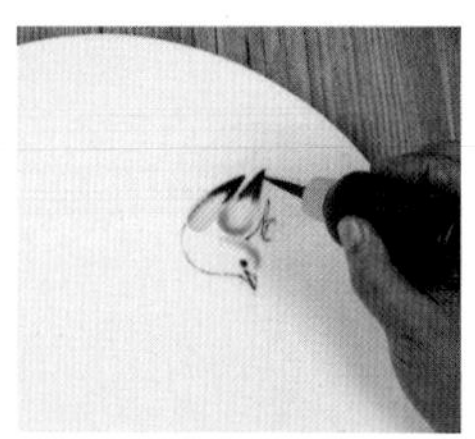

第六步　用黑色果酱画出翅膀尖部。

第七步　用黑色和蓝色果酱画出尾巴。

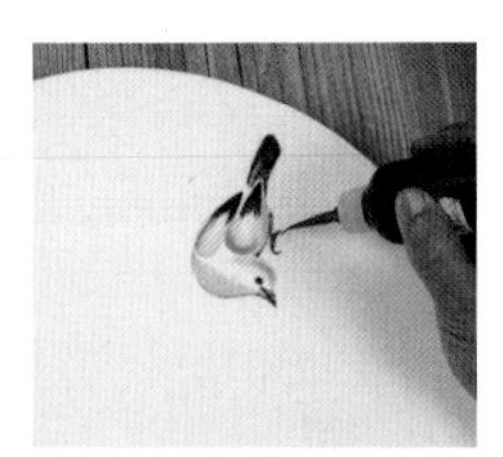

第八步　用黄色果酱画出腹部，红色果酱画出嘴和爪。

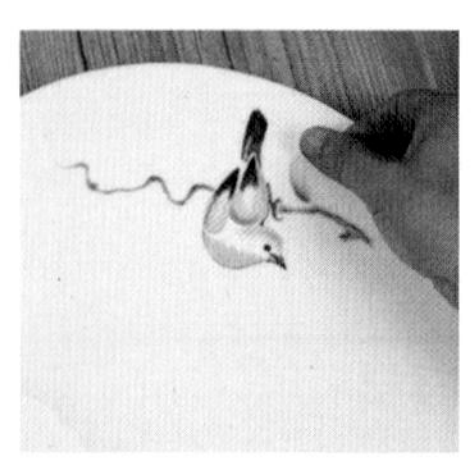

第九步　画出灰色树枝，抹出绿色树叶。

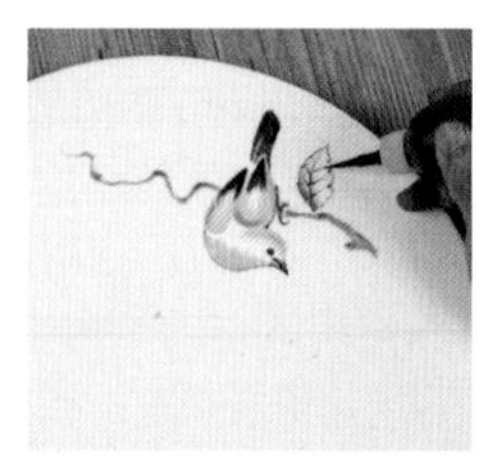

第十步　用黑色果酱画出树叶边线和叶筋。

第十一步　画出几朵小花。

第十二步　完成。

55 荷包蛋

第一步　用棕黄色果酱画出一圆。

第二步　用橙黄色和中红色果酱画出蛋黄。

第三步　用棕色果酱画出蛋清边缘。

第四步　用棕黄色果酱分染出蛋清边缘。

第五步　用白色果酱画出蛋清。

第六步　用灰色果酱画出蛋清上的小孔。

第七步　用灰色果酱画出阴影。

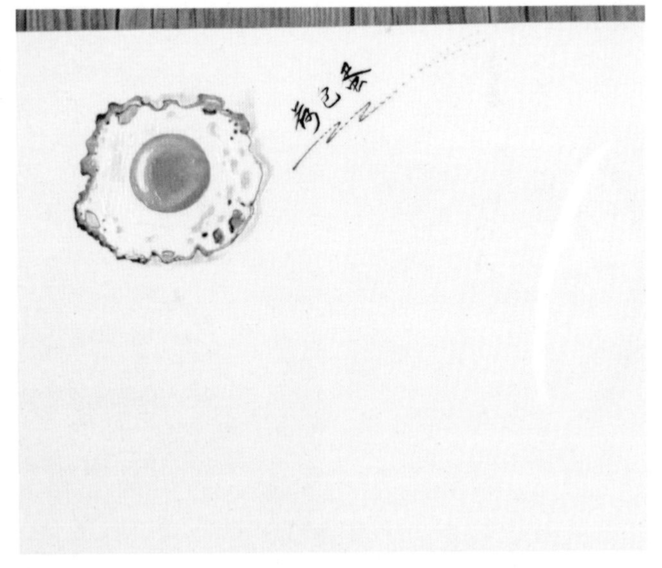

第八步　完成。

56 荷塘夜色

第一步　用黑色果酱画出几片花瓣。

第二步　再画出外层几片花瓣。

第三步　画出花蕾、荷叶、和花茎。

第四步　用橘黄色、浅灰色、透明色果酱分染出花瓣。

第五步　用深红、无色果酱分染出花蕾，画出莲蓬。

第六步　用深绿、墨绿、透明果酱分染出荷叶，画出叶筋。

第七步　用灰色、黑色果酱画出浪花。

第八步　完成。

57 三友图

第一步　画出竹节。

第二步　用灰色果酱画出山石。

第三步　用灰色果酱抹出阴影。

第四步　画出兰花叶。

第五步　用小毛笔画出竹叶。

第六步　画出黄色兰花。

第七步　完成。

58 鹰

第一步　画出鹰头、脖颈。

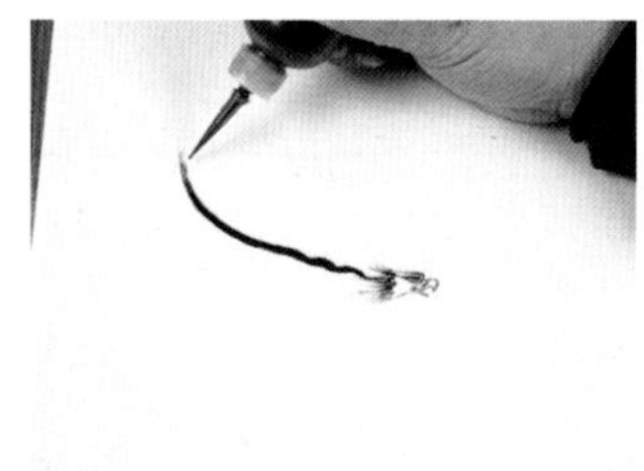

第二步　画出翅膀边缘。

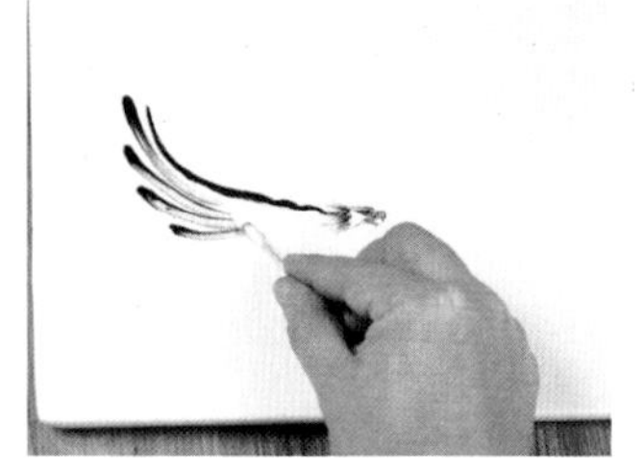

第三步　用棉签抹出翅膀惊羽毛。

第四步　用棉签抹出翅膀第二层羽毛和尾巴。

第五步　画出右爪。

第六步　用手指抹出左腿，然后画出左腿爪。

第七步　用灰色果酱抹出胸部羽毛。

第八步　用棉签蘸灰色果酱抹出另一只翅膀。

第九步　给嘴、爪涂上黄色，用棉签蘸蓝色果酱抹出浪花即可。

59 蝶恋花

第一步 用手指蘸红色果酱抹出几片花瓣。

第二步 用深红色果酱画出花瓣上的纹理。

第三步 用黑色果酱画出花心。

第四步 用同样方法画出一朵橙色的花。

第五步 用黑、灰色果酱画出花茎、叶子。

第六步 用抹、画的方法画出蝴蝶。

第七步 画出蝴蝶的身体、须子和翅膀上的斑点。

第八步 完成。

60 篱外

第一步　画出几个红点。

第二步　用手指抹出花瓣。

第三步　画出另一部分花瓣。

第四步　再画出另一朵牵牛花。

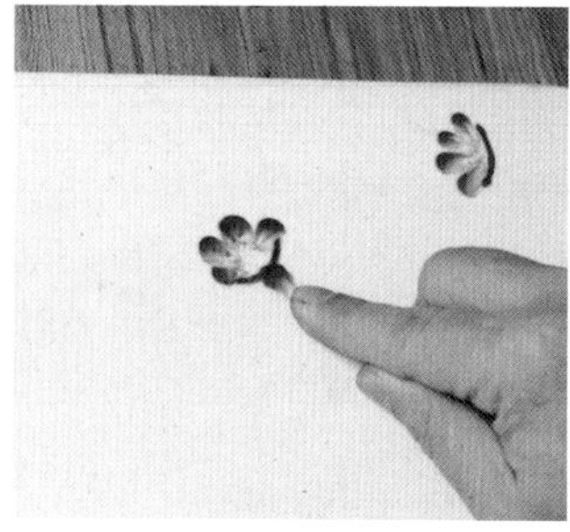

第五步　补画上其余部分。

第六步　用黑色果酱画出花心和花茎。

第七步　画出叶子、藤蔓和花蕾。

第八步　完成。

61 连理枝

第一步　用无色果酱画出一硬币大小的圆。

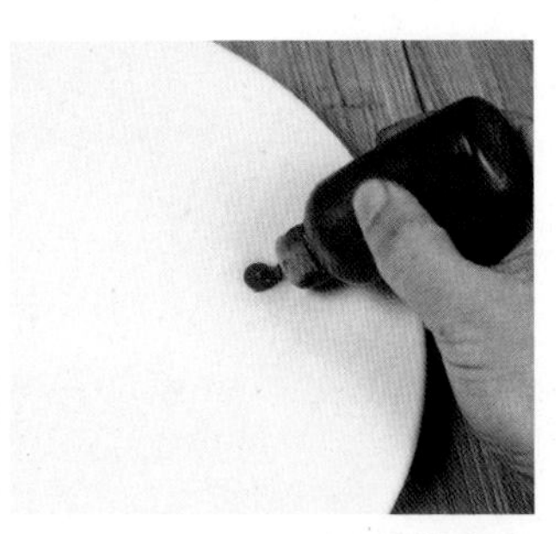

第二步　在无色果酱上画出一花生粒大小的红色。

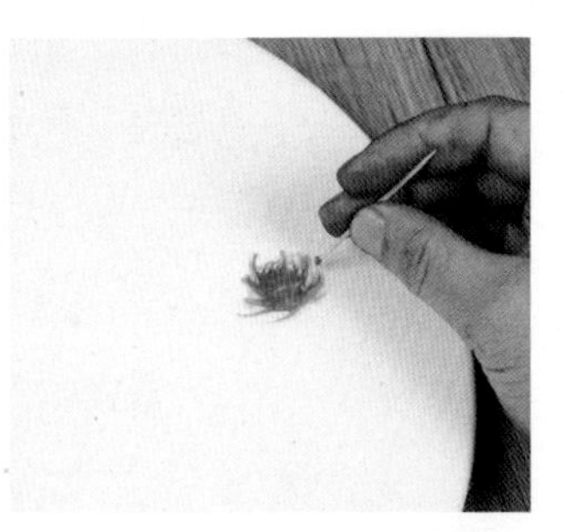

第三步　用牙签挑出玫瑰花。

第四步　用同样方法画出另一朵玫瑰花。

第五步　用黑色果酱画出花枝。

第六步　用黑色果酱画出花枝。

第七步　画出叶脉。

第八步　完成。

62 飞鹤红梅

第一步　用黑色果酱画出鹤嘴。

第二步　画出脖子和腹部。

第三步　画出双腿。

第四步　画出一个翅膀。

第五步　画出另一个翅膀。

第六步　画出梅花枝。

第七步　用红色画出梅花。

第八步　用黑色果酱画出梅花心即可。

㊸秋爽

第一步　用毛笔蘸红色果酱画出几片菊花瓣。

第二步　再多画几片花瓣。

第三步　用橘黄色果酱画出另一朵菊花。

第四步　用黑色果酱画出一点点花心和花枝。

第五步　用黑色或灰色或墨绿色果酱抹出叶子。

第六步　用黑色果酱画出叶筋。

第七步　完成。

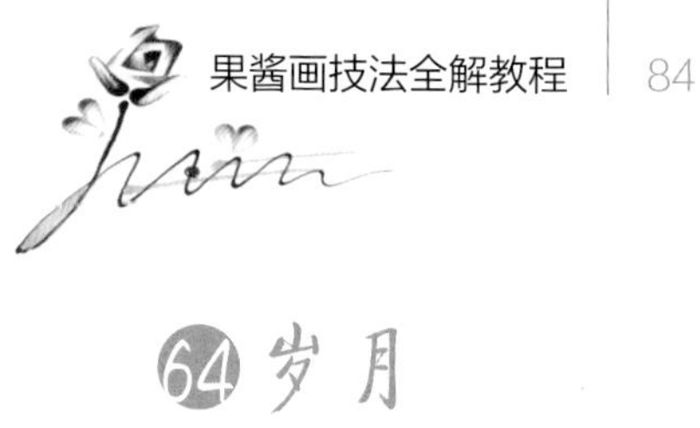

64 岁月

第一步　画两条曲线。

第二步　用橘黄色果酱画两段粗线。

第三步　用手指抹出银杏叶形状。

第四步　用黑色果酱画出树叶根部。

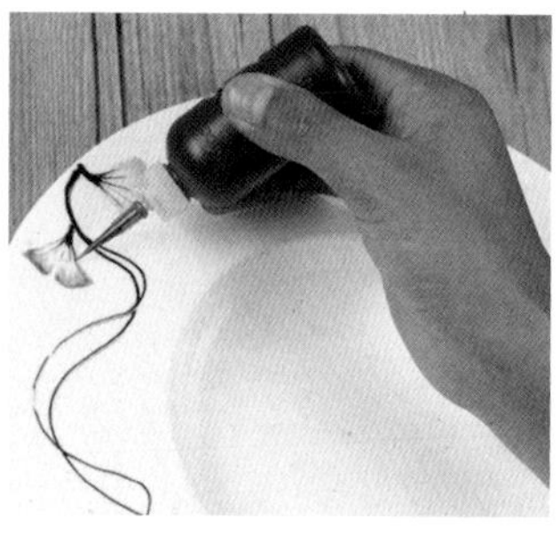
第五步　再画出红色叶片。

第六步　同样方法再画出几片叶子。

第七步　再曲线上画几个红果实。

第八步　完成。

65 西瓜

第一步 用深绿色果酱画出西瓜圆。

第二步 用分染方法画出渐变效果。

第三步 画出淡黄色，留出高光（即中间空白）。

第四步 用墨绿色果酱画出西瓜的暗部。

第五步 用黑色画出花纹。

第六步 用淡灰色画出阴影，再画出瓜蒂藤蔓。

第七步 用深红、中红色果酱画出瓜瓤。

第八步 画出瓜皮和瓜籽。

第九步 画出阴影即可。

66 荷风

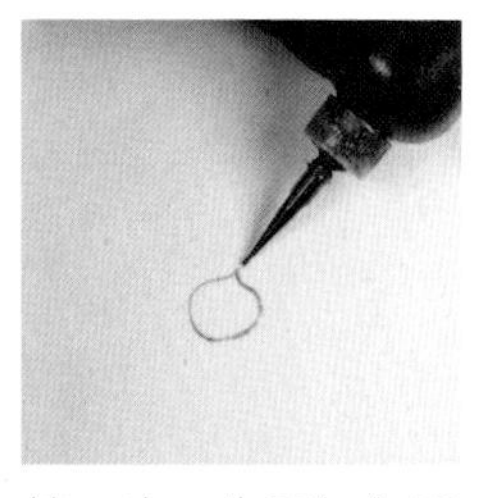
第一步　先用红色果酱画出一片荷花瓣。

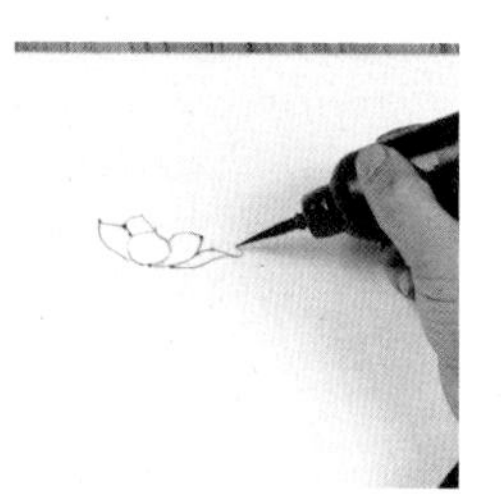
第二步　再画出另几片花瓣。

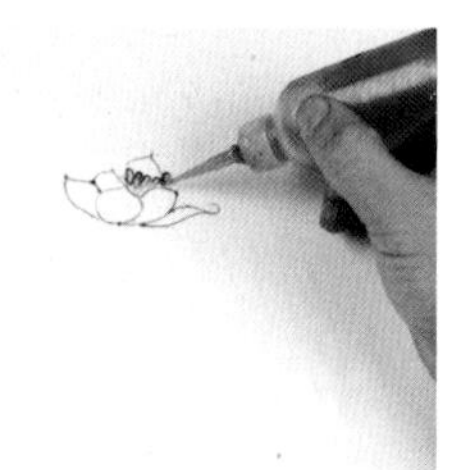
第三步　画出花心（先画黑色，后画绿色）。

第四步　用黑色果酱画出花茎。

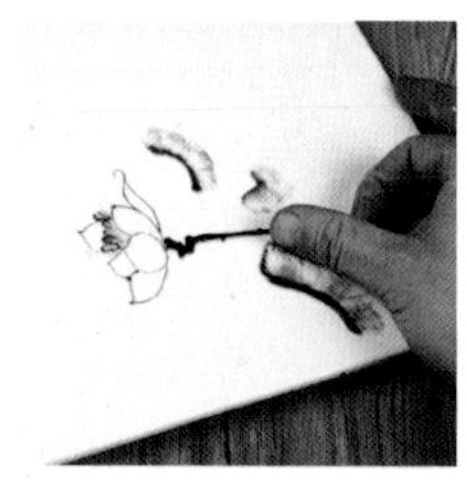
第五步　用手指侧面抹出荷叶。

第六步　画出荷叶上的筋脉。

第七步　画出灰色花茎。

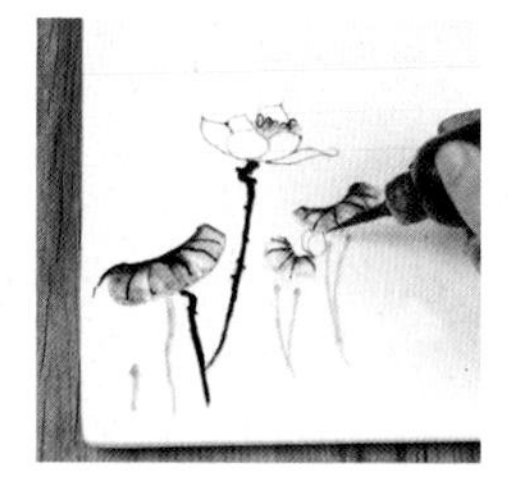
第八步　画出一朵花蕾。

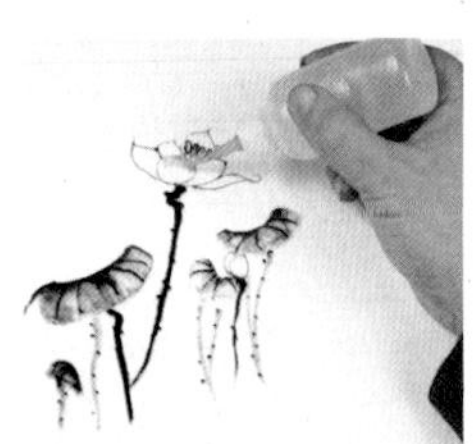
第九步　用红色和无色果酱将花瓣顶端分染成渐变色。

第十步　完成。

67 松鹤

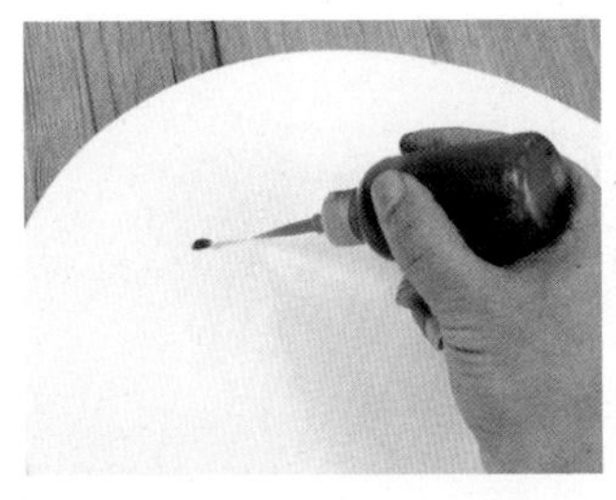

第一步　用红色和蓝色果酱画出仙鹤的额头和嘴。

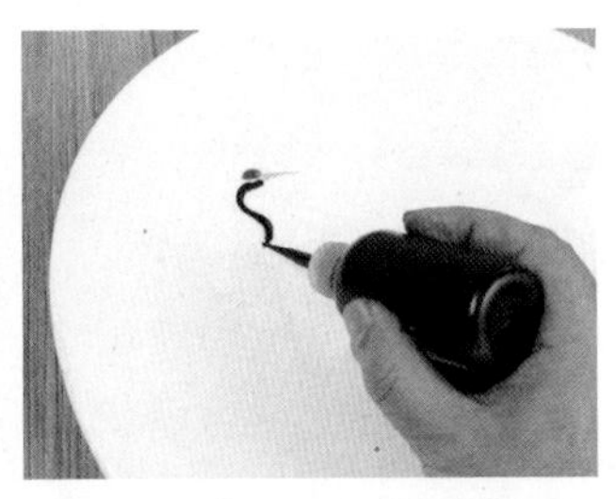

第二步　用黑色果酱画出仙鹤脖子。

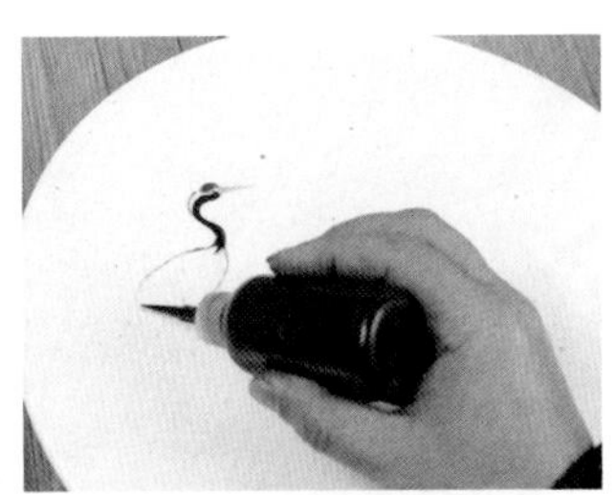

第三步　画出仙鹤身体。

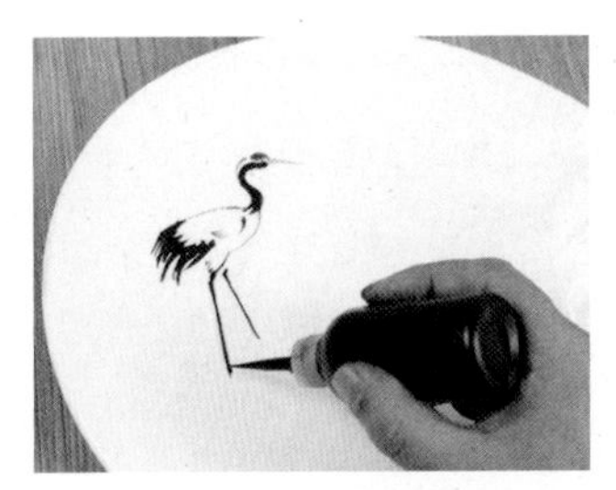

第四步　画出双腿。

第五步　画出另一只仙鹤的头和颈。

第六步　画出身体和腿（其中一条腿是抬起的）。

第七步　画出松树枝，抹出绿色松叶。

第八步　用黑色果酱画出松针。

第九步　完成。

68 咏菊

第一步　用黑色果酱画出一朵菊花。

第二步　再画出一朵菊花。

第三步　用灰色果酱画出枝干。

第四步　用灰色果酱画几个小圆点。

第五步　用手指抹出叶子。

第六步　用黑色果酱再抹几片叶子。

第七步　画出叶子上的筋脉。

第八步　用黄色果酱给菊花充填一点颜色。

第九步　花心部画出一点红色即可。

69 萱草

第一步 用中红色果酱抹出几片花瓣。

第二步 再抹出几片花瓣。

第三步 用深红色果酱画出花瓣上的纹理。

第四步 用黑色果酱画出花心。

第五步 用灰色果酱画出花枝，用毛笔画出花蕾。

第六步 再画出一朵花。

第七步 用毛笔画出绿叶。

第八步 完成。

70 公鸡

第一步　画出公鸡的眼睛和嘴。

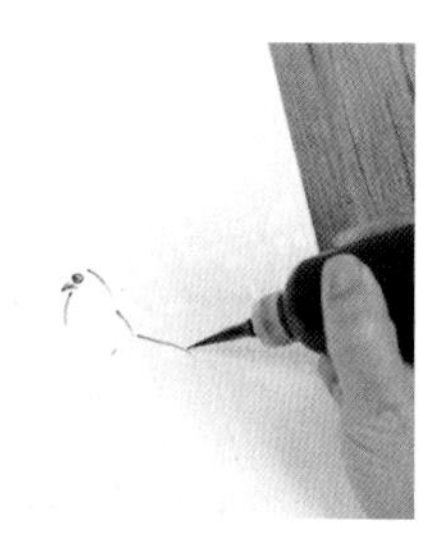

第二步　画出颈，背部曲线。

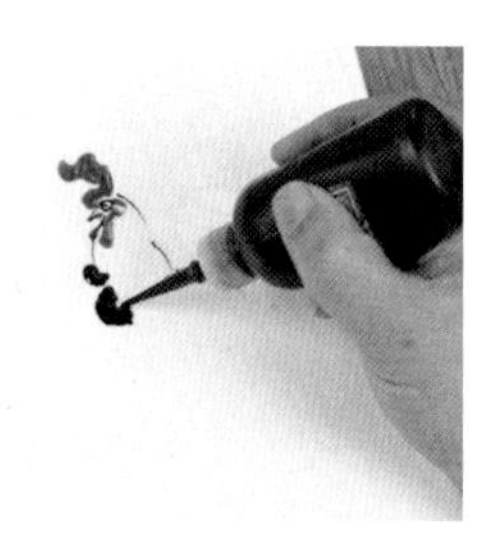

第三步　画出红色鸡冠、肉坠，在胸部画一点黑色。

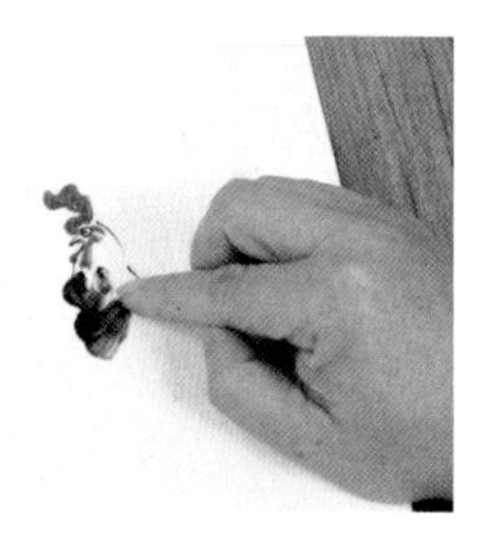

第四步　用手指抹一下。

第五步　画出翅膀。

第六步　用果酱笔和棉签交替使用，画出尾巴。

第七步　用手指抹出大腿。

第八步　画出鸡爪。

第九步　给鸡爪涂上黄色即可。

71 春天里

第一步　用灰色果酱画出花枝。

第二步　用小毛笔蘸灰色果酱画出叶子。

第三步　用黑色果酱画出叶筋。

第四步　用灰色果酱画出小花。

第五步　用淡红色果酱画出花瓣。

第六步　再用深红色果酱画出花心。

第七步　完成。

⑫柳鸣春晓

第一步　画出鸟的嘴和眼睛。

第二步　画出鸟的头和脸。

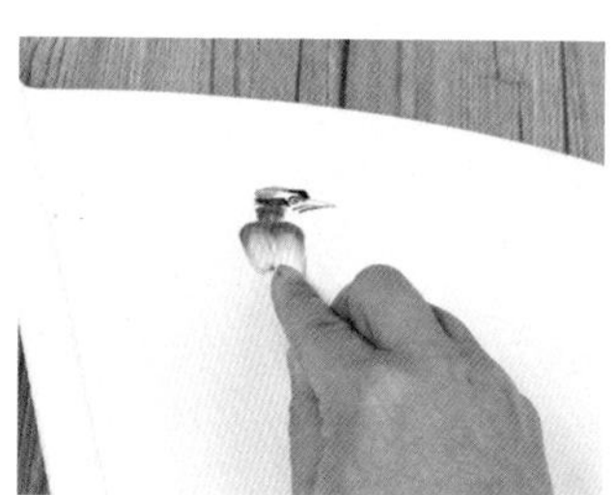

第三步　用橙色果酱抹出后背。

第四步　用黄色果酱画出腹部。

第五步　用黑色果酱画出翅膀和尾巴。

第六步　画出腿爪。

第七步　用棕色果酱画出树枝。

第八步　用小毛笔画出柳叶。

第九步　完成。

73 国色天香

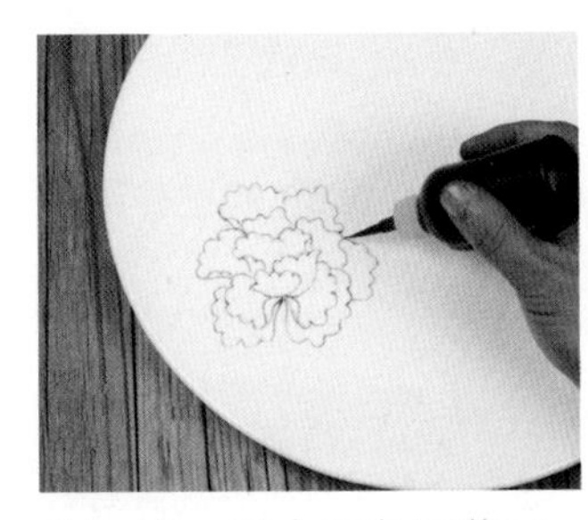

第一步　用中黑色果酱画出牡丹花。

第二步　用深黑色和无色果酱分染出一片花瓣。

第三步　用同样方法分染出各个花瓣。

第四步　用灰色和黑色果酱抹出叶子。

第五步　画出褐色枝干和叶筋。

第六步　画出黑色花心。

第七步　完成。

74 春之歌

第一步　用墨绿色果酱画出竹竿。

第二步　用刮板刮出竹节。

第三步　再刮出几根细竹节。

第四步　挤出一点紫红色果酱。

第五步　用手指抹出鸟头。

第六步　再抹出两片翅膀。

第七步　用黑色果酱画出眼睛、翅膀、腹部和腿爪。

第八步　再画出紫红色尾巴。

第九步　画出几片竹叶即可。

75 人生百味

第一步　用绿色果酱画出苦瓜大致形状。

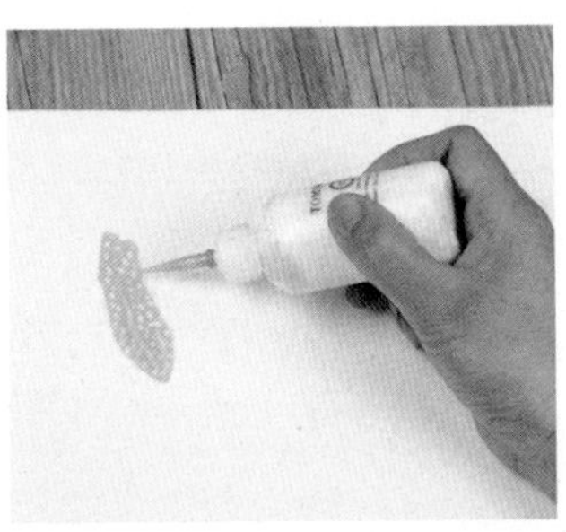

第二步　用无色或白色果酱画出瓜表面的突起部。

第三步　用黑色果酱抹出叶子。

第四步　画出叶筋。

第五步　用橘黄色果酱画出小花。

第六步　用墨绿色果酱画出枝藤。

第七步　用黑色果酱画出一只天牛。

第八步　完成。

76 荷韵

第一步　挤出一滴蓝色果酱。

第二步　用手指抹出鸟头。

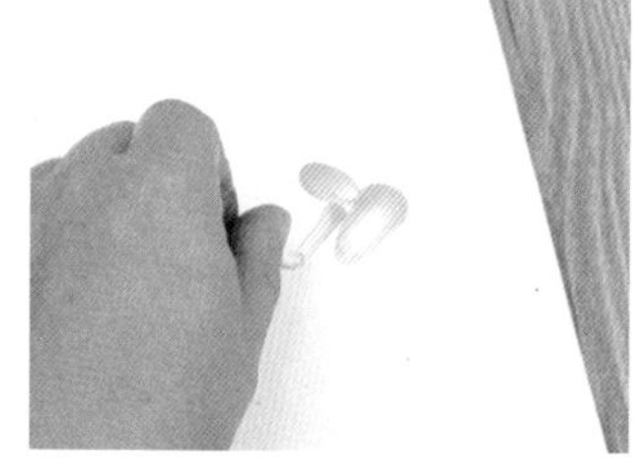

第三步　分别用手指和棉签抹出翅膀。

第四步　用黑色果酱画出眼睛、嘴、腹部和腿爪。

第五步　画出翅膀羽毛和尾巴。

第六步　用手指抹出荷花。

第七步　再抹出绿色荷 叶。

第八步　再画出几株绿草，用黑色画出花心和叶筋。

第九步　完成。

77 锦鸡

第一步　用黑色果酱画出眼睛和嘴。

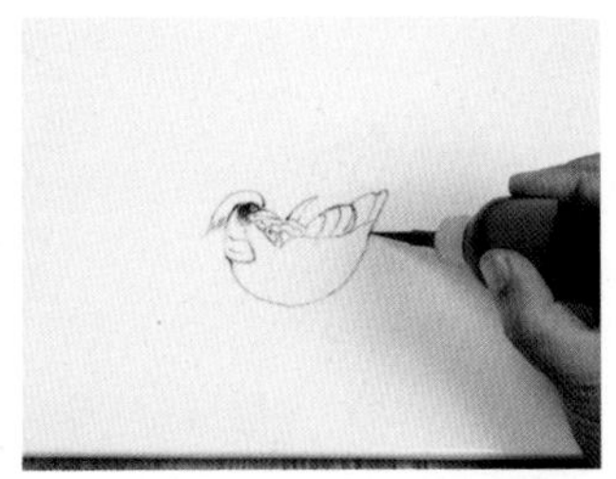

第二步　依次画出眼圈、头冠、翅膀和腹部。

第三步　再画出尾翎和腿爪。

第四步　用橘黄、蓝、黑色果酱给冠、颈、背部翅膀涂色。

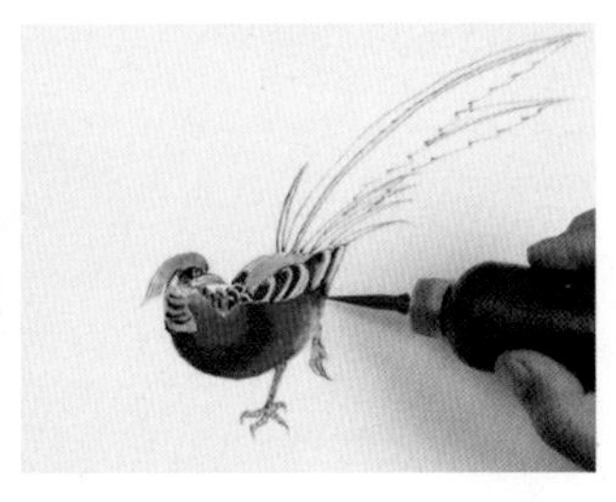

第五步　再用红、黑色果酱分染出腹部，用橘黄色果酱画出腿爪。

第六步　用灰、浅紫色果酱分染出尾翎，画出红色短尾。

第七步　用黑色果酱画出尾翎上的斑纹。

第八步　用手指抹出绿草地，用小毛笔画出小草。

第九步　完成。

78 蝶舞

第一步　用黑色果酱画出两段曲线。

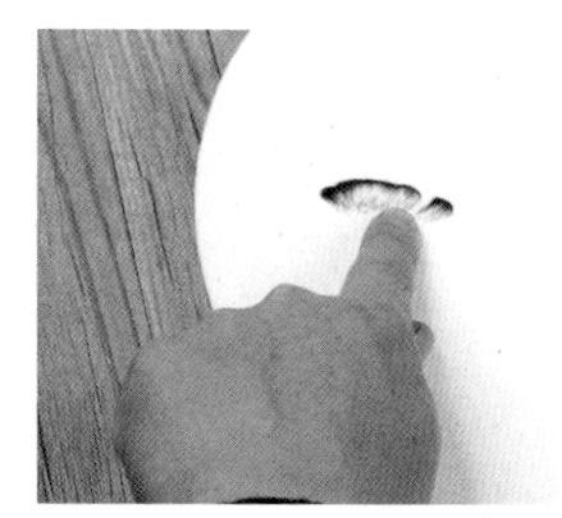

第二步　抹出一只翅膀。

第三步　再画出两段曲线。

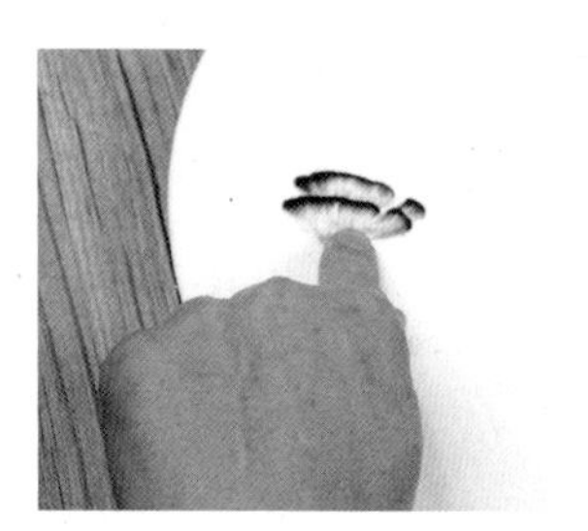

第四步　抹出第二片翅膀。

第五步　画出蝴蝶身、须、爪。

第六步　在翅膀根部涂一点粉红色果酱。

第七步　用白色果酱（或无色果酱）画出翅膀上的斑点。

第八步　用同样方法再画一只蝴蝶。

第九步　画出几朵小花即可。

79 同林鸟

第一步　用黑色果酱画出竹干。

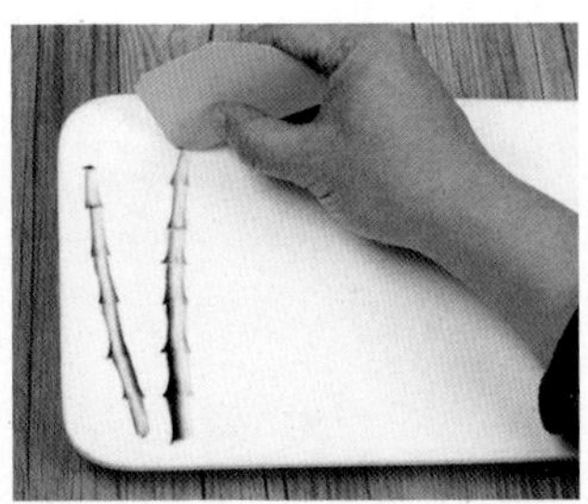

第二步　用刮板刮出竹节。

第三步　再用黑色果酱画出竹叶。

第四步　用红色果酱画出小鸟的头和翅膀。

第五步　用黑色果酱画出其小鸟的眼、嘴、腹和尾。

第六步　用毛笔画出翅膀。

第七步　完成。

80 喜上枝头

第一步　用黑色果酱画出眼睛和嘴。

第二步　用分染法画出头和脖颈。

第三步　画出椭圆形身体和翅膀羽毛。

第四步　用同样方法画出另一只喜鹊，用黑、灰色果酱分染出脖颈。

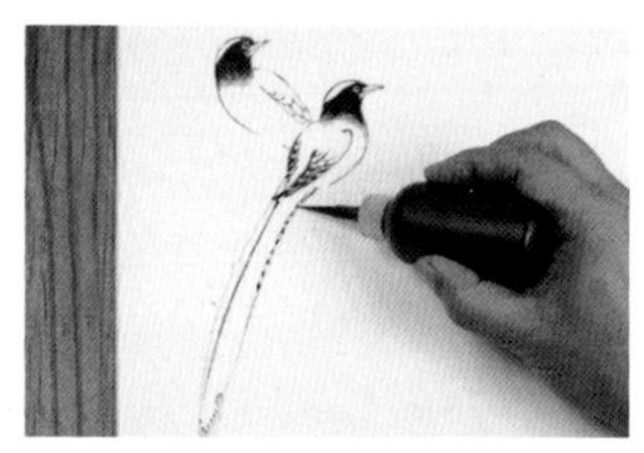

第五步　画出翅膀和长尾。

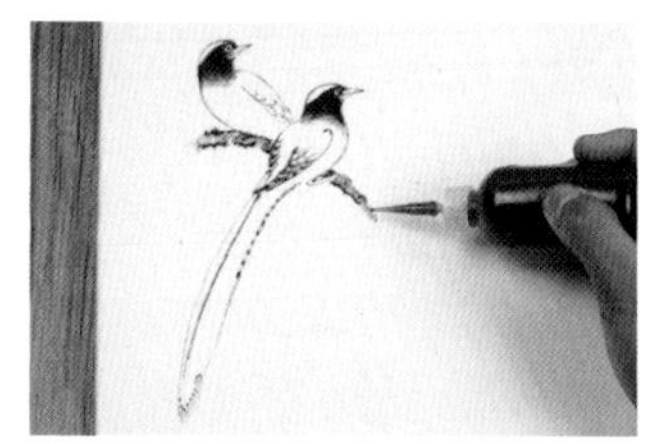

第六步　画出腿爪和树枝。

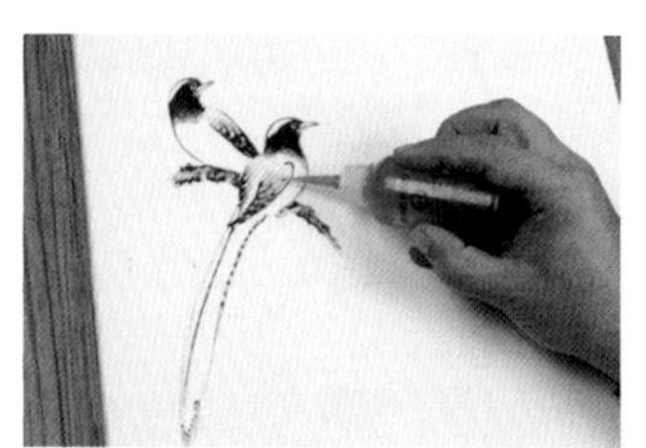

第七步　用浅蓝、深蓝色果酱分染出翅膀。

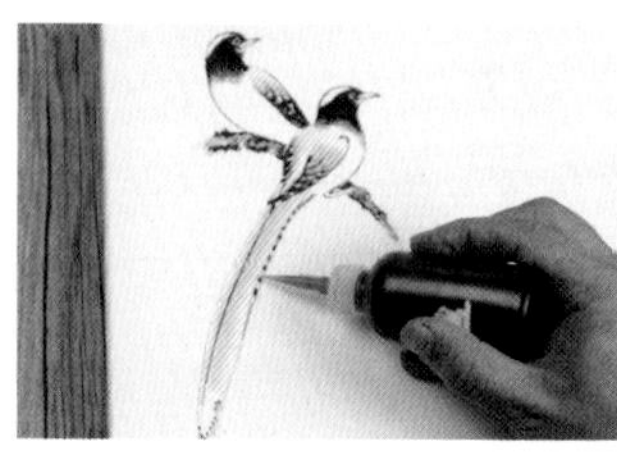

第八步　再分染出长尾。

第九步　用橘黄色果酱分染出腹部，用红色画出嘴、眼和腿爪。

第十步　用红色果酱抹出花瓣。

第十一步　用黑色果酱画出花心。

第十二步　用手指抹出墨绿色叶子。

第十三步　用黑色果酱画出叶筋。

第十四步　画出花蕾、叶子和树枝。

第十五步　画出另一只鸟尾。

第十六步　完成。

81 争鸣

第一步　用紫红色果酱画出喇叭花边缘。

第二步　用手指抹出花瓣。

第三步　画出花托。

第四步　花心先画一点黄色果酱，然后画出黑色花心。

第五步　同样方法再画一朵喇叭花，画出花枝。

第六步　用黑色果酱画出鸟的眼、嘴。

第七步　用蓝、橙色果酱画出鸟头、侧背和腹部。

第八步　画出鸟尾、爪。

第九步　抹出绿叶，画出叶筋。

第十步　完成。

82 荷香

第一步 用毛笔饱蘸果酱画出几片花瓣。

第二步 再画几片花瓣。

第三步 画出一花蕾。

第四步 用墨绿色果酱画出花茎。

第五步 用黑色果酱画出荷叶边缘。

第六步 用手指抹出荷叶。

第七步 画出黄色花心和黑色花蕊，再画出茎上的刺和荷叶上的筋脉。

第八步 完成。

83 孔雀

第一步　用黑色果酱画出孔雀的三角形头和脖子。

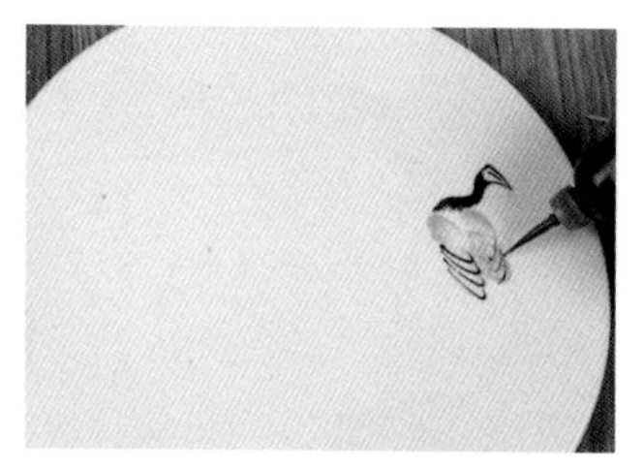
第二步　用黄色果酱抹出翅膀，画出翅邻。

第三步　用绿色果酱抹出尾巴的底色。

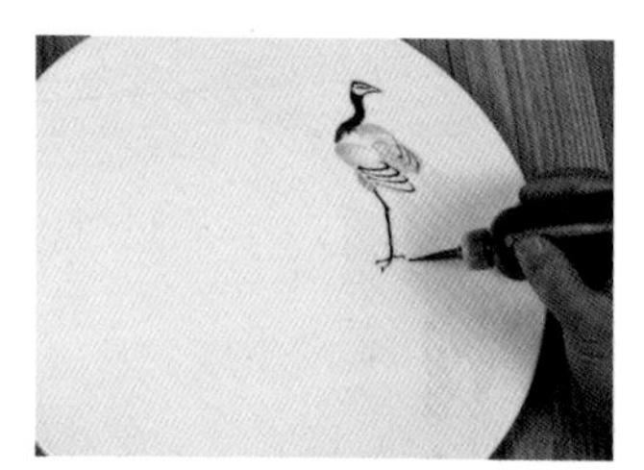
第四步　用灰色和黑色果酱画出腿爪。

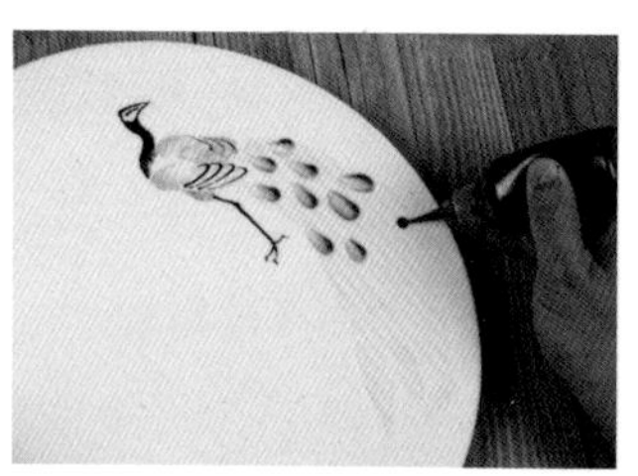
第五步　用棕色果酱挤一圆点，然后向上抹出尾水滴状尾翎。

第六步　在尾翎上挤上无色果酱。

第七步　再挤出蓝色和黑色果酱。

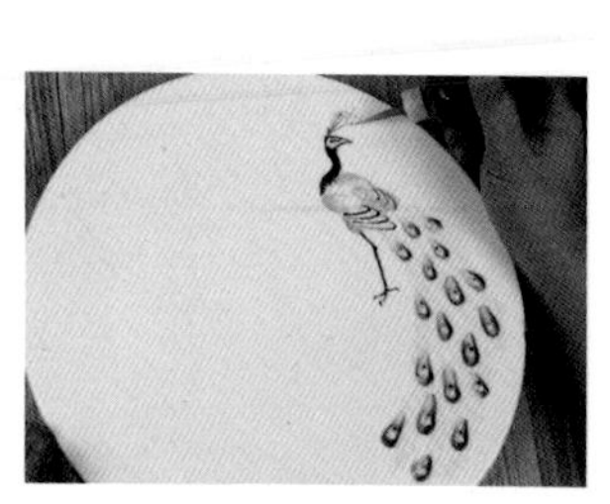
第八步　画出头翎。

第九步　完成。

84 红梅赞

第一步　用黑色果酱画出山石轮廓。

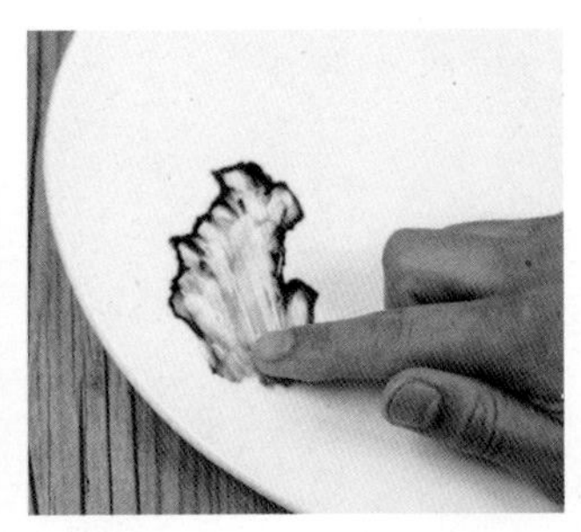

第二步　用手指抹出灰色调。

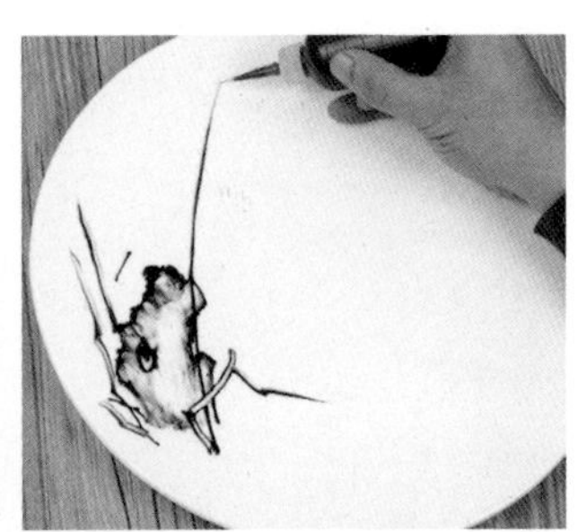

第三步　画出树枝。

第四步　先挤出小圆点，再用手指按压，用这种方法画出梅花。

第五步　用黑色果酱画出花心。

第六步　用笔签将黑色花心向四周挑划，画出花蕊。

第七步　再画几朵粉红色梅花。

第八步　完成。

85 红衣小鸟

第一步　用黑色果酱画出眼、嘴喙。

第二步　用手指抹出红色头顶。

第三步　画出红鳃和翅膀根部。

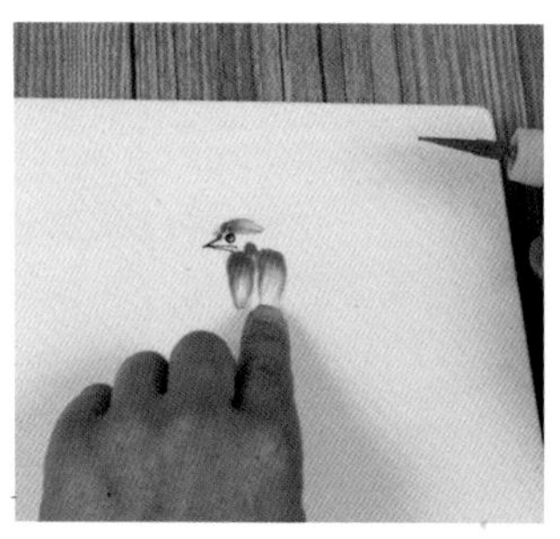
第四步　抹出翅膀。

第五步　用黑色果酱画出翅翎和尾巴。

第六步　用黄色果酱画出腹部。

第七步　画出腿爪后再画出树枝绿叶。

第八步　完成。

86 工笔荷花

第一步　用黑色果酱画出荷叶荷花。

第二步　再画出花蕾。

第三步　在荷花边缘画一圈橘黄色。

第四步　再画出绿色。

第五步　用墨绿色和黑色果酱画出暗部。

第六步　用红色果酱画出渐变色花瓣。

第七步　用黑、绿、黄色果酱画出莲蓬。

第八步　画出花茎。

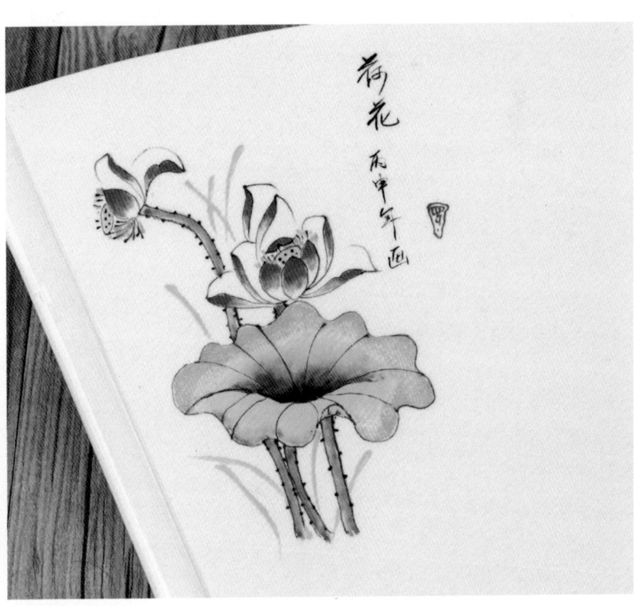

第九步　再用绿色画出几株水草即可。

87 霜叶思秋

第一步　用中黑色果酱画出鸟的眼、嘴、头、脖。

第二步　再画出小鸟的翅膀、胸部、尾巴和腿爪。

第三步　用黑、灰色果酱分染出腹部。

第四步　用黑、绿色果酱分染出头部，再画出黑色翅膀和红色腿爪。

第五步　分染出尾巴，画出树枝和几片树叶。

第六步　用橙黄、淡黄色果酱分染出几片黄叶。

第七步　再用红、黑色果酱分染出几片红叶。

第八步　完成。

88 小鸭

第一步　用深灰色果酱画出小鸭头、颈以及身体上部。

第二步　抹出腹部。

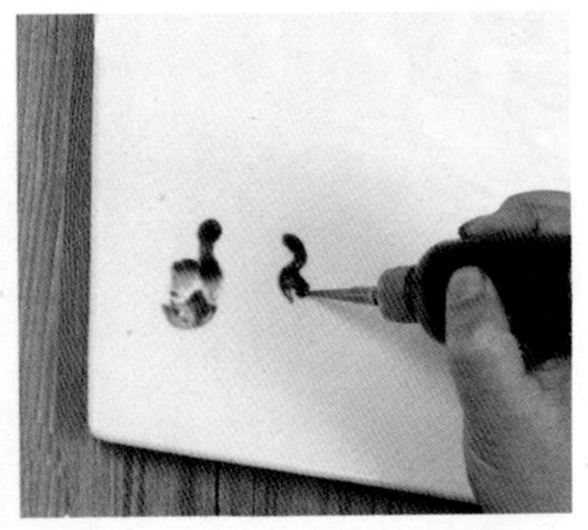

第三步　画出另一只小鸭的头颈、胸部。

第四步　画出腹部和尾。

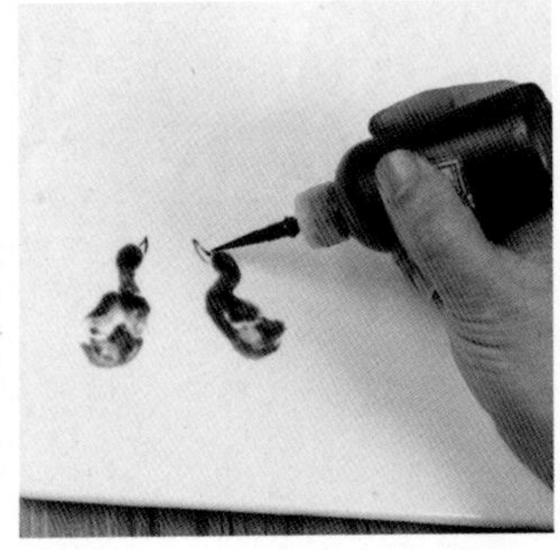

第五步　画出鸭嘴。

第六步　画出小鸭的脚爪。

第七步　画出柳枝。

第八步　完成。

89 寒塘鹭影

第一步　画出眼睛和嘴。

第二步　用灰色果酱画出脖子。

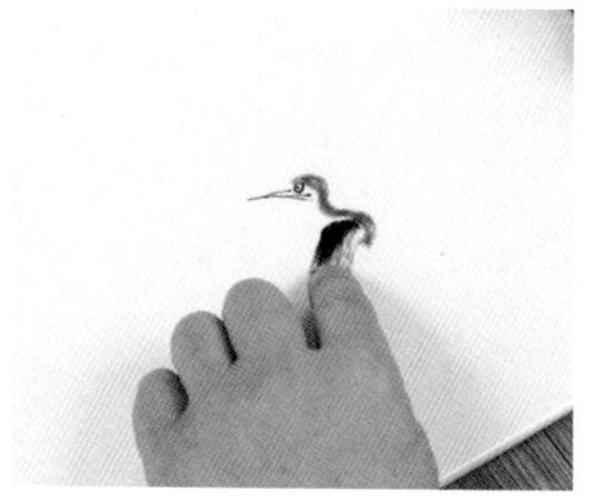

第三步　用手指抹出后背。

第四步　画出尾和腿爪。

第五步　画出另一只鸟的眼睛和嘴。

第六步　画出脖颈，抹出后背。

第七步　画出身体和腿爪。

第八步　画出石头和绿草。

第九步　完成。

90 白头偕老

第一步　用黑色果酱画出小鸟的眼睛和嘴。

第二步　画出小鸟的身体。

第三步　画出小鸟的尾巴。

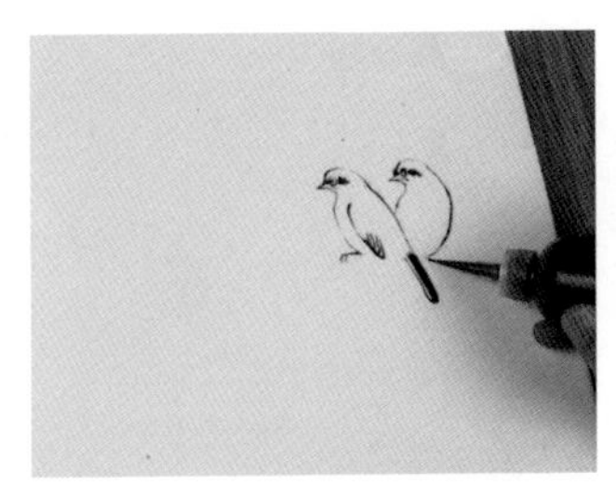
第四步　用同样方法画出另一只小鸟。

第五步　画出山石、小草，并用竹签挑出小草纹理。

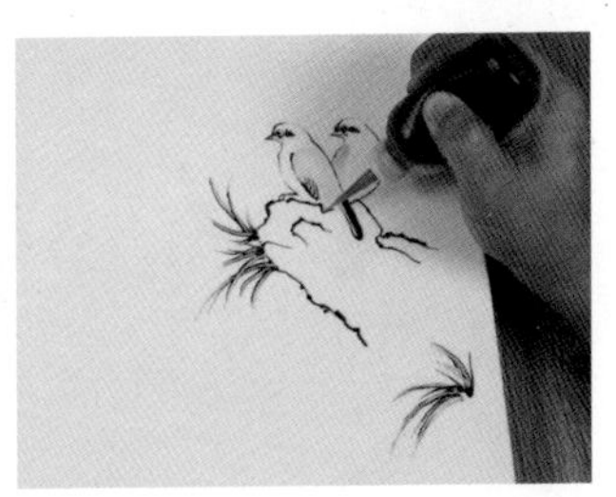
第六步　画出鸟背部的蓝色。

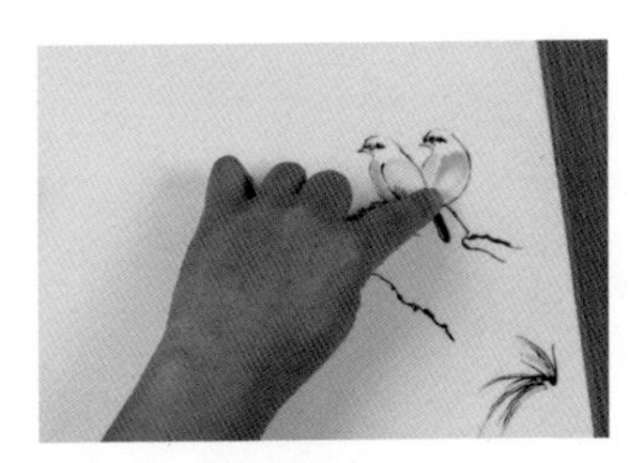
第七步　用手指抹出鸟腹部的黄色。

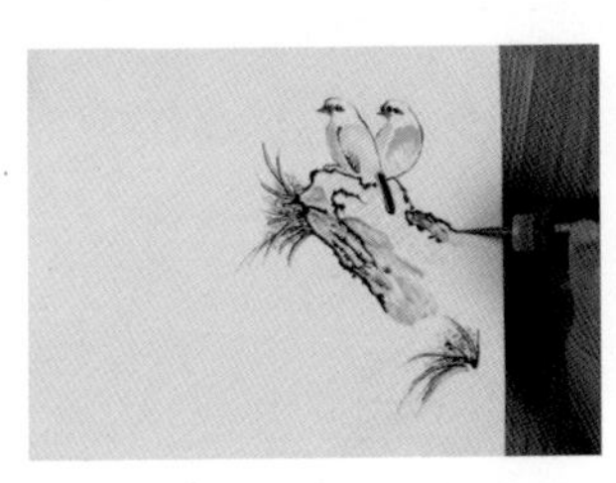
第八步　抹出山石上的绿、褐色，画出小花。

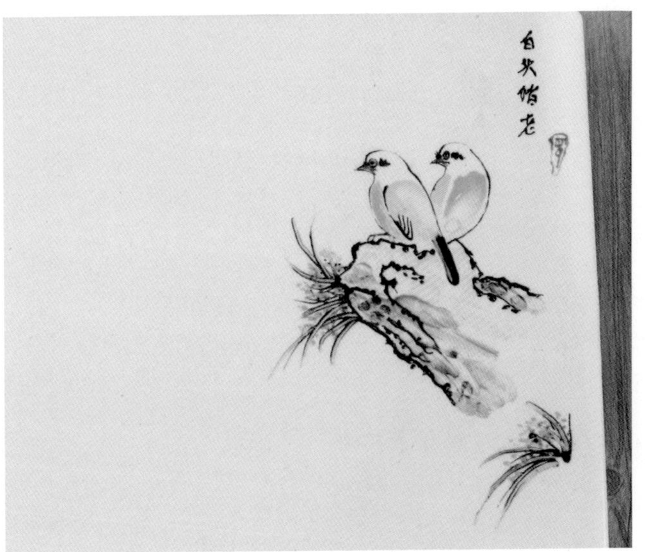

第九步　完成。

91 回眸

第一步　画出鸟眼睛。

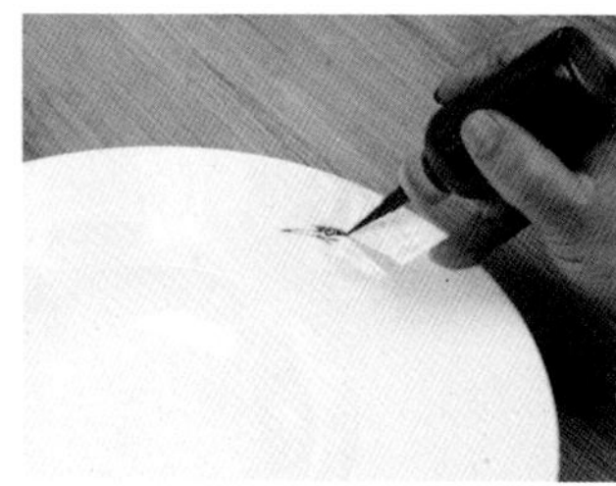

第二步　画出嘴、眼影。

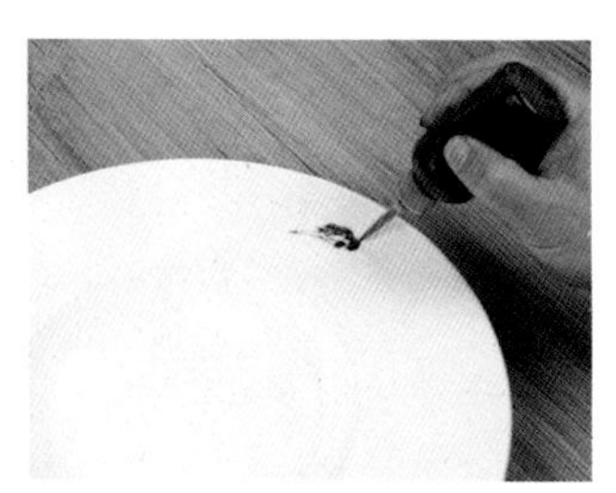

第三步　用棕色果酱画出头。

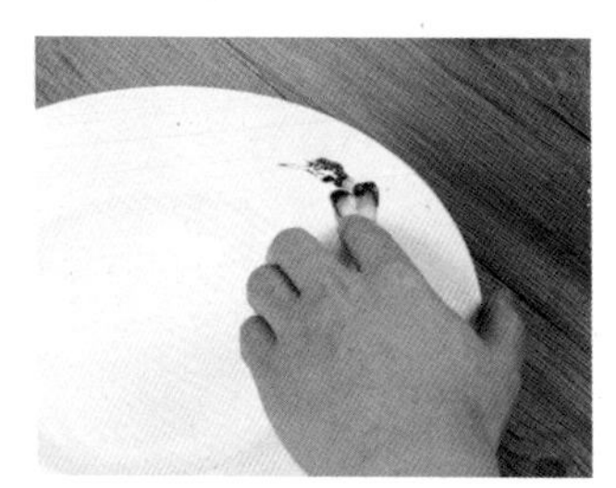

第四步　抹出颈、翅膀。

第五步　用黑色果酱画出翅膀羽毛。

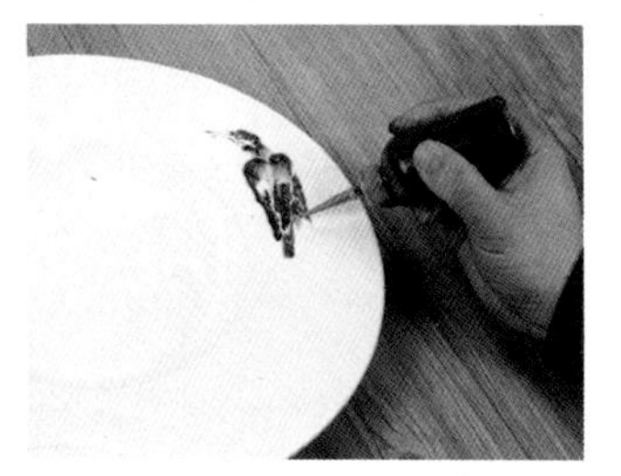

第六步　画出腹和尾。

第七步　画出腿爪。

第八步　用硬纸片刮出草。

第九步　完成。

92 大吉大利

第一步　画出公鸡的眼、嘴。

第二步　画出鸡冠、肉坠。

第三步　画出胸、腹曲线。

第四步　用手指抹出黑灰色调。

第五步　抹出尾巴。

第六步　用灰色画出大腿。

第七步　画出鸡爪。

第八步　给鸡嘴、鸡爪涂上黄色，画出树枝。

第九步　画出梅花。

第十步　完成。

93 双鲤戏荷

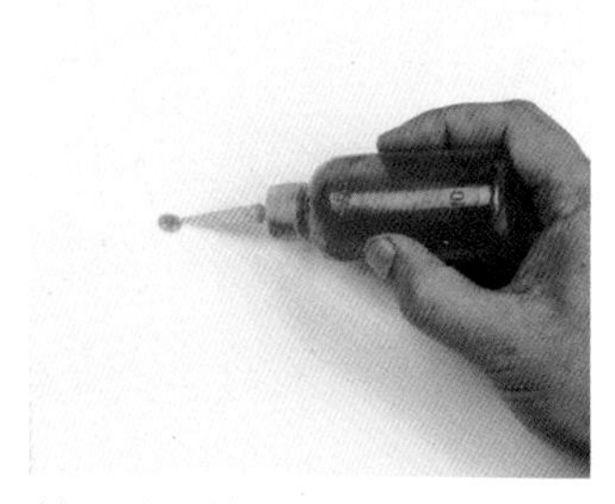

第一步　挤一滴粉红色果酱。

第二步　用手指抹出花瓣。

第三步　同样方法抹出其它花瓣。

第四步　用黑色果酱画出花瓣边缘。

第五步　用绿色和黑色果酱画出花心。

第六步　用墨绿色果酱画出荷叶边缘，用手指推抹出渐变效果。

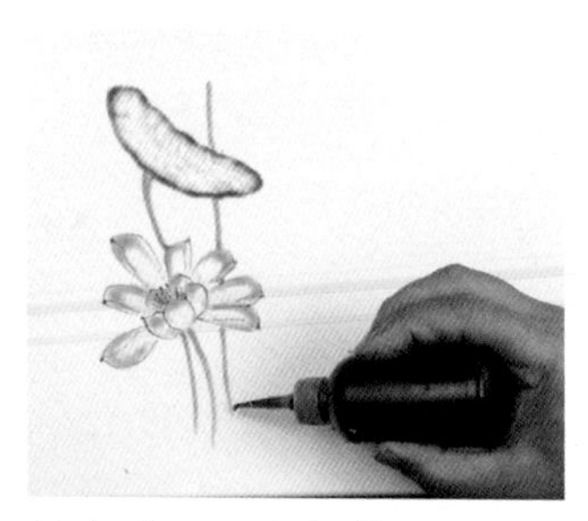

第七步　画出绿茎。

第八步　用黑色果酱画出荷叶上的缝隙、纹理及茎上的刺。

第九步　画出花蕾。

第十步 挤一滴黑色果酱，然后用手指抹出鱼背。

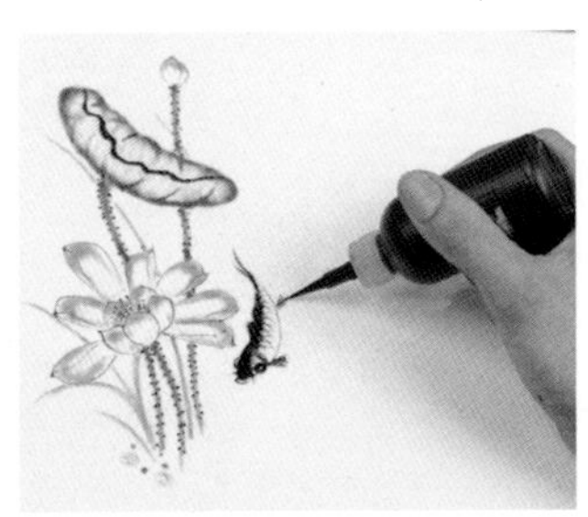

第十一步 画出鱼头、腹、尾、鳞、鳍。

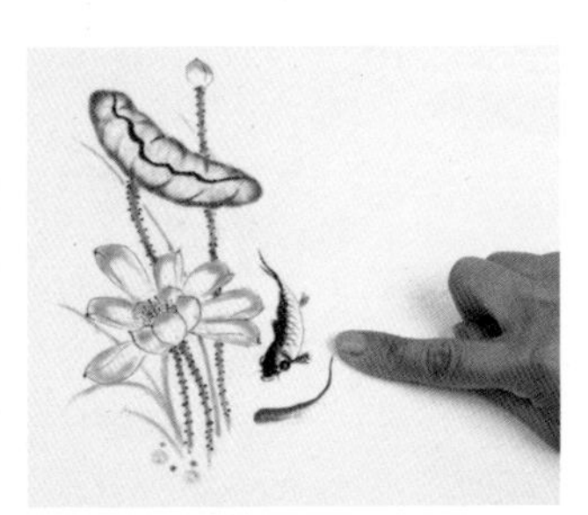

第十二步 再抹出红色鱼背。

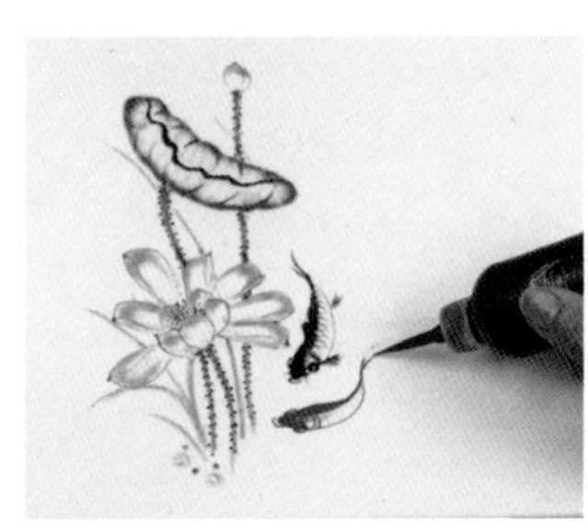

第十三步 画出鱼头、腹、尾。

第十四步 画出鱼鳞、背鳍、腹鳍。

第十五步 用灰色和绿色画几株水草、浮萍即可。

94 彩蝶戏牡丹

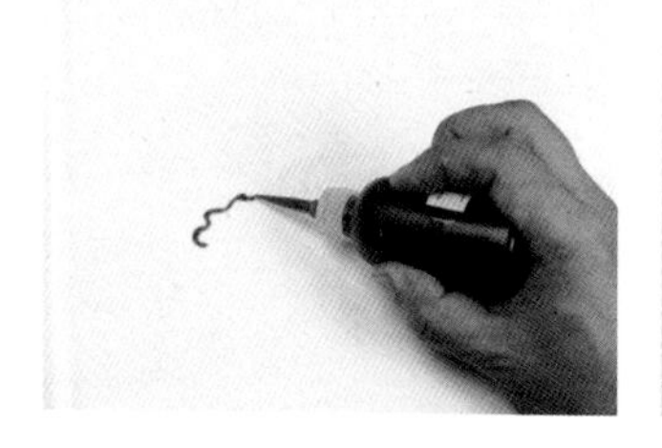

第一步　用紫色果酱画出花瓣边缘。

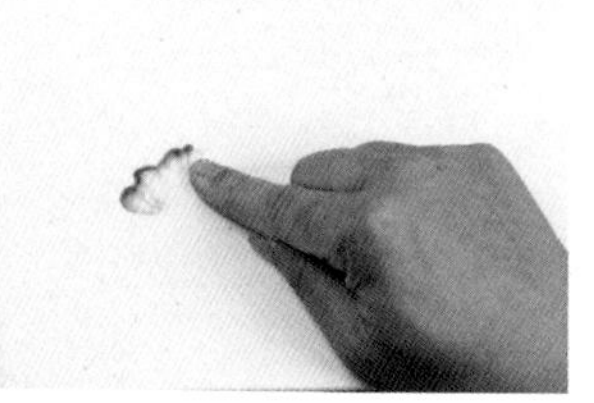

第二步　用手指反复推抹出渐变效果。

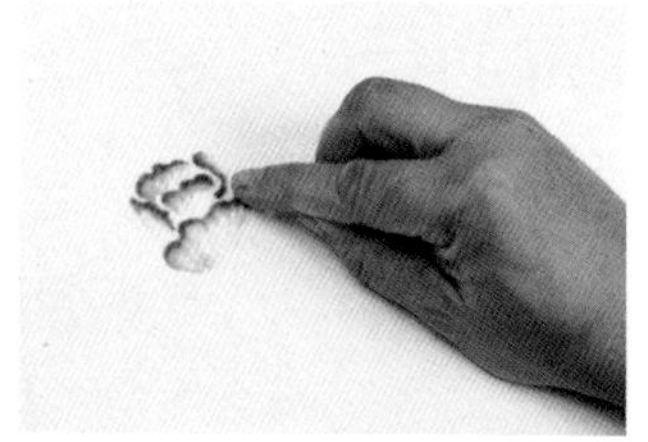

第三步　同样方法推抹出花心部的花瓣。

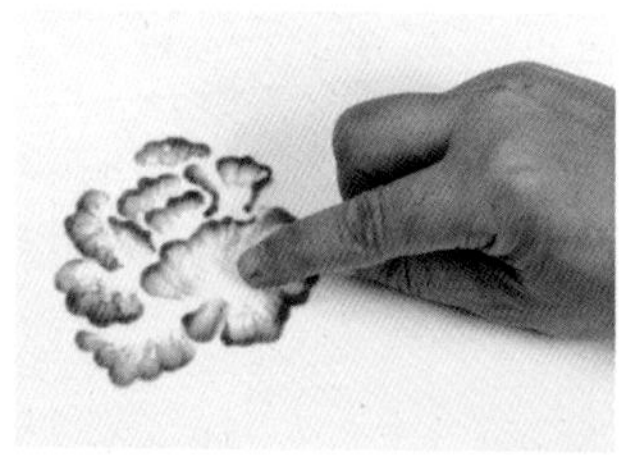

第四步　推抹出外层花瓣。

第五步　用黑色画出花瓣的边缘形状。

第六步　用黄色、黑色画出花心。

第七步　挤一滴绿色果酱，然后用手指向外抹出叶子。

第八步　用黑色果酱画出叶子的边缘。

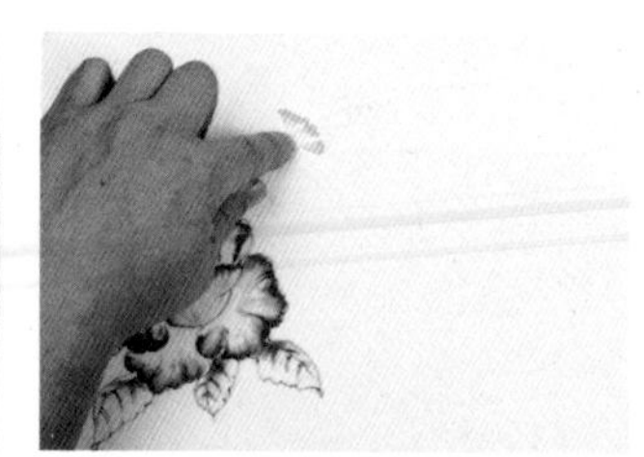

第九步　画出蓝色线条，然后用手指抹出蝴蝶的一片翅膀。

第十步　同样方法再抹出另一片翅膀。

第十一步　用黑色果酱画出蝴蝶的身体、须子和爪。

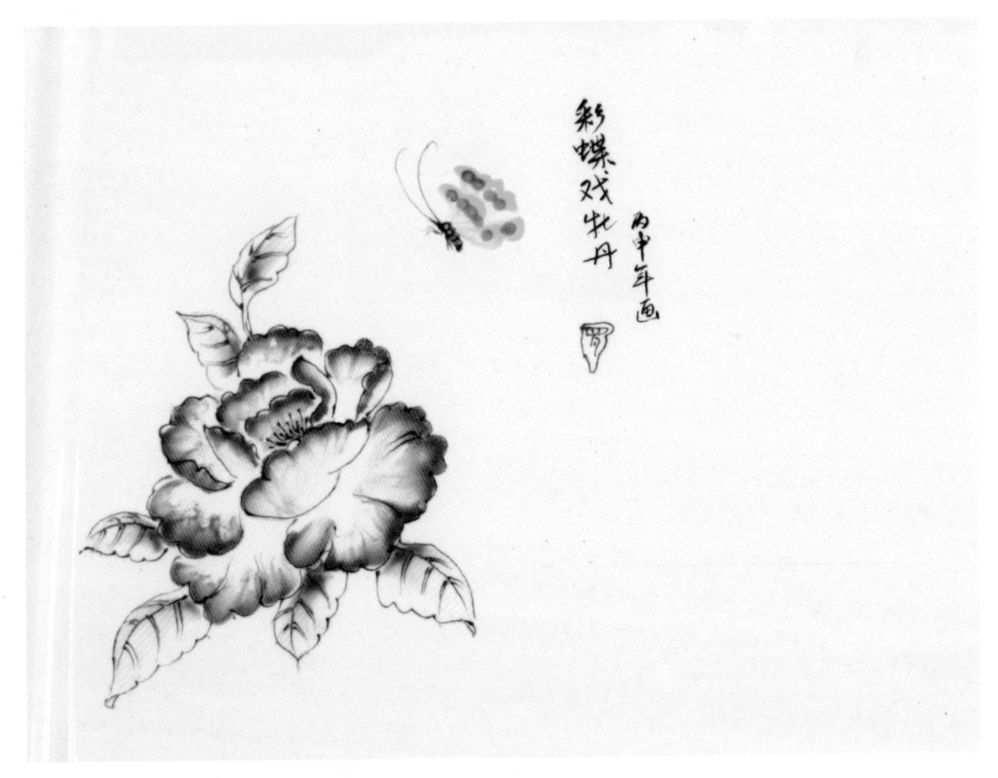

第十二步　画出翅膀上的斑点即可。

2.4 山水画部分

95 东北人家

第一步　用黑色果酱画出小房子。

第二步　再画出另一部分房子。

第三步　用灰色果酱画出天空。

第四步　用黑色果酱画出树木。

第五步　用黑色果酱画出小河，用灰色果酱画出雪地和房檐上的阴影。

第六步　用棕色果酱画出木墙，用红色画出门上对联。

第七步　用黑色果酱画出河水。

第八步　完成。

96 孤舟钓叟图

第一步 用黑色果酱画出近景山石。

第二步 画出树枝。

第三步 用灰色、黑色果酱画出树叶。

第四步 用黑色果酱画出小船和渔翁。

第五步 用蓝灰色果酱抹出远山。

第六步 用浅蓝、浅绿和棕色果酱画出山石。

第七步 用小毛笔画出水中芦苇。

第八步 画出小船颜色，再用灰色画出水影即可。

97 江山多娇

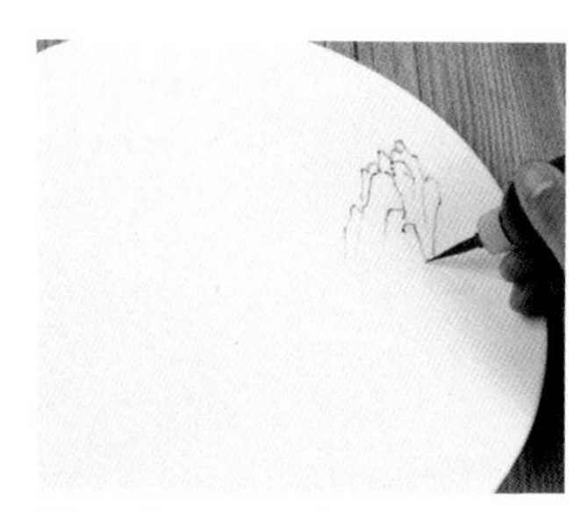

第一步　用黑色果酱画出远山。

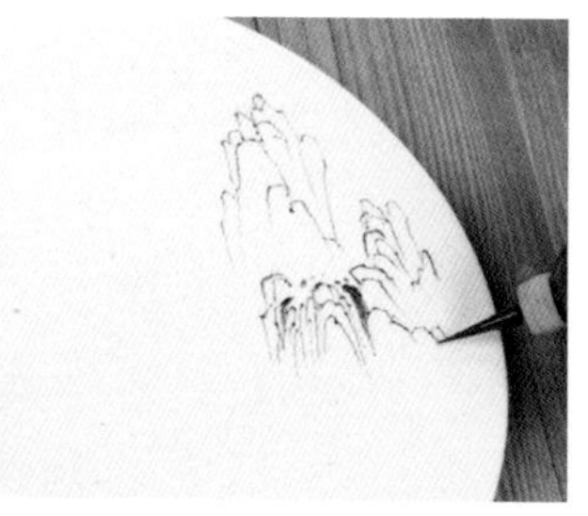

第二步　画出中景的山石和瀑布。

第三步　画出左侧和近景的山。

第四步　画出山间的树木。

第五步　用灰色、棕色、浅蓝色果酱画出远处山石。

第六步　再用灰色、棕色和深蓝色果酱画出近处山石。

第七步　用灰色、棕色果酱抹出些云彩即可。

98 秋江红叶图

第一步　用黑色果酱画出古塔。

第二步　用手指抹出塔下的树影。

第三步　用黄色、蓝色果酱画出塔檐、塔身。

第四步　用黑色果酱画出树枝。

第五步　用毛笔画出红色树叶。

第六步　画出黄叶，抹出草地。

第七步　画出一只小船。

第八步　再用手指抹出远山，即可。

99 山水寄情

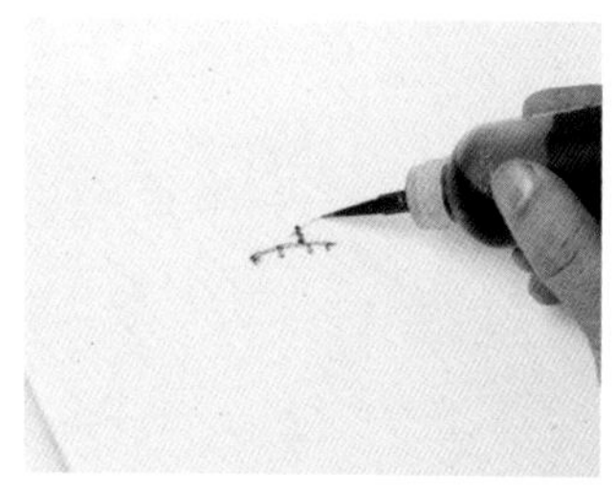

第一步　用黑色果酱画出人和小桥。

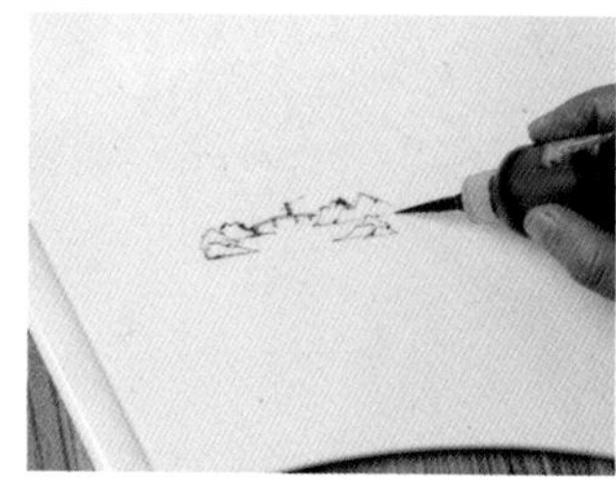

第二步　画出小桥两侧的山石。

第三步　画出左侧的小山和房屋。

第四步　画出树木。

第五步　用灰色果酱画出山的暗部和水纹。

第六步　画出和抹出远山。

第七步　给远山涂上浅绿色。

第八步　再给近景部分涂上颜色即可。

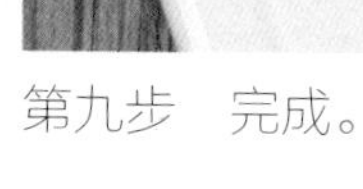

第九步　完成。

100 山野人家

第一步　用黑色果酱画出小房子。

第二步　再画出小树和栅栏。

第三步　用灰色果酱画出房后的树。

第四步　抹出绿色草地。

第五步　画出小桥和绿树。

第六步　抹出绿色远山。

第七步　画出几株红树。

第八步　抹出一点水影即可。

101 野渡

第一步　用棕色果酱画出树干。

第二步　用黑色果酱给树干描边，画出树枝。

第三步　画出浅绿色树叶。

第四步　用手指将叶子略按。

第五步　再用同样方法画出深绿树叶。

第六步　画出远处树叶。

第七步　抹出绿色草地。

第八步　画出绿地、小草。

第九步　完成。

2.5 鱼虾部分

102 龙虾

第一步 画出棕红色圆点。

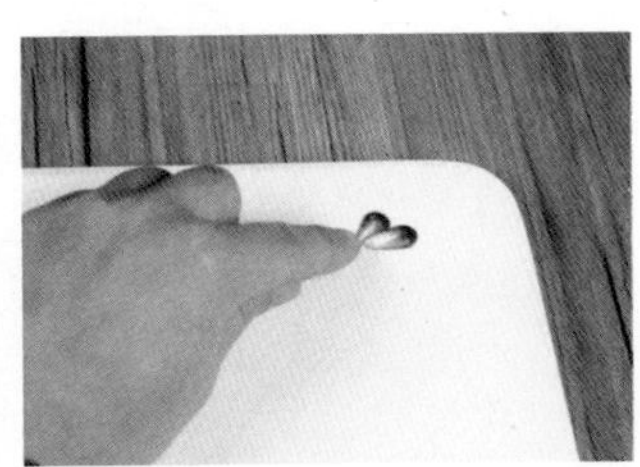

第二步 画出尾部。

第三步 同样方法画出龙虾身体。

第四步 画出头部。

第五步 画出须子和眼睛。

第六步 用手指抹出大钳。

第七步 抹出大钳后面的小节。

第八步 画出钳尖和小爪。

第九步 完成。

103 鸿运当头

第一步　挤一滴红色果酱，用手指抹出鱼背。

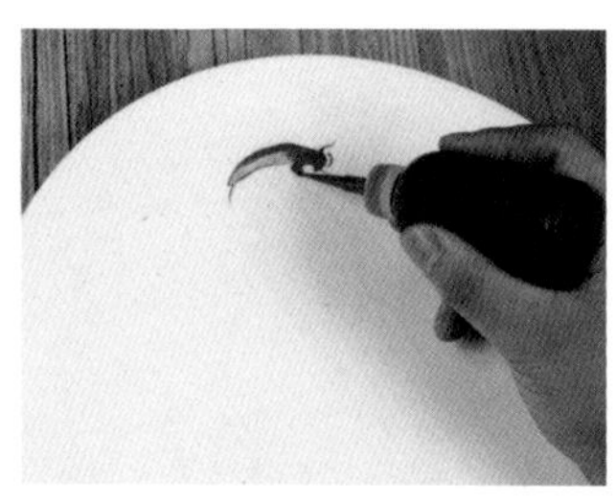

第二步　画出鱼头。

第三步　画出鱼腹、鳞、尾、鳍。

第四步　画出背鳍。

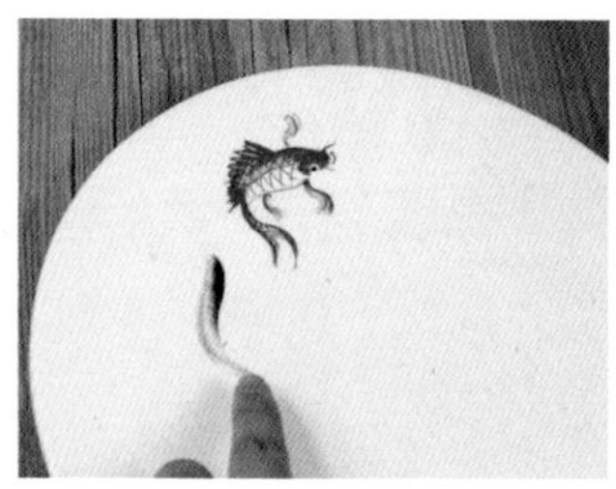

第五步　挤一滴黑色果酱，抹出鱼背。

第六步　画出鱼头、嘴、眼、鳃。

第七步　画出胸鳍、腹、鳞。

第八步　画出尾和背鳍。

第九步　画出水草即可。

104 金玉满堂

第一步　用手指抹出金鱼的头和背。

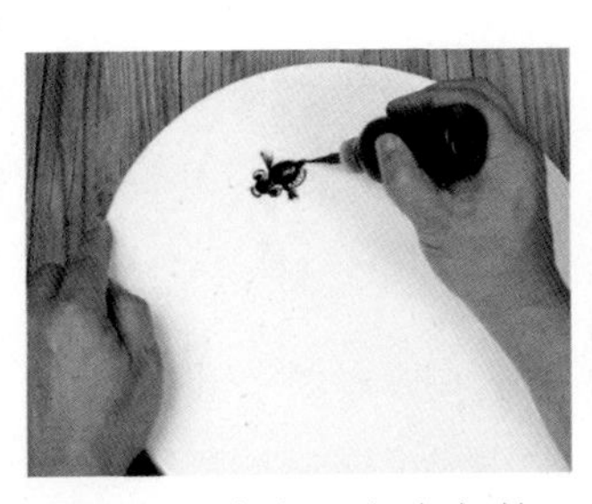

第二步　依次画出金鱼的嘴、眼、鳍、腹和鳞。

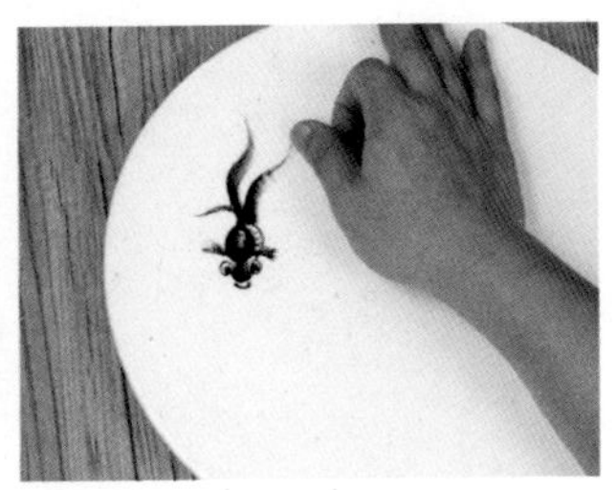

第三步　抹出鱼尾。

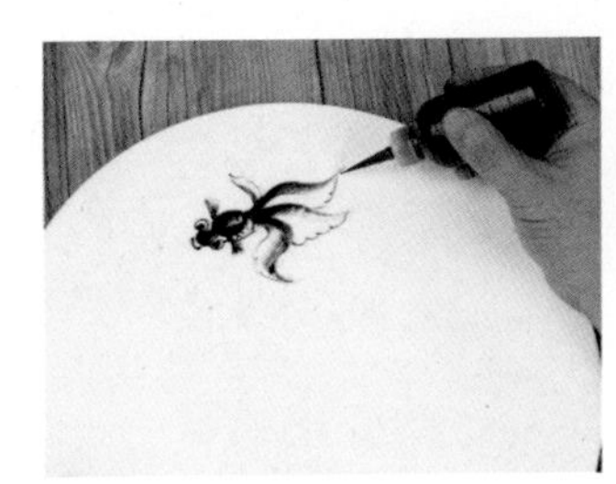

第四步　画出尾巴的边缘。

第五步　抹出红金鱼的头和背部。

第六步　依次画出嘴、眼、鳍、腹、鳞，抹出鱼尾。

第七步　画出鱼尾边缘。

第八步　画出绿色水草。

第九步　完成。

105 有余图

第一步　先用黑色果酱画出鱼眼睛。

第二步　再画出鱼头、背、尾。

第三步　画出鱼腹和鳍。

第四步　画出身上斑点。

第五步　同样方法画出另一条鱼。

第六步　用手指抹出荷花瓣。

第七步　用牙签将花瓣顶端挑尖。

第八步　画出花心。

第九步　画出花茎和绿柳即可。

106 第一鲜

第一步 用黑色果酱画出蟹身。

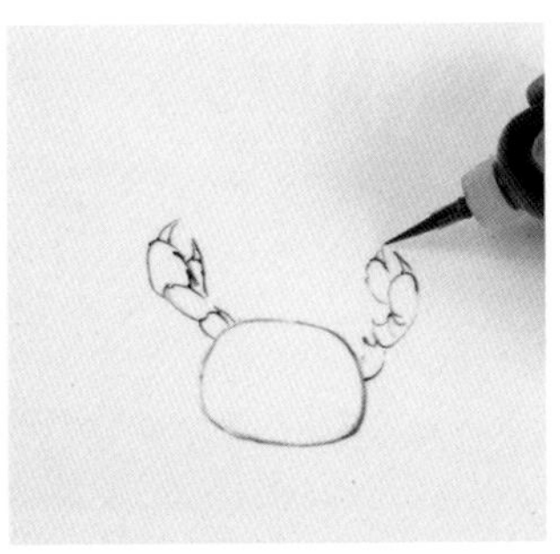

第二步 画出两只蟹钳。

第三步 画出蟹爪。

第四步 用黑、灰、橙色果酱画出蟹钳。

第五步 蟹身部抹上淡淡的橙色果酱。

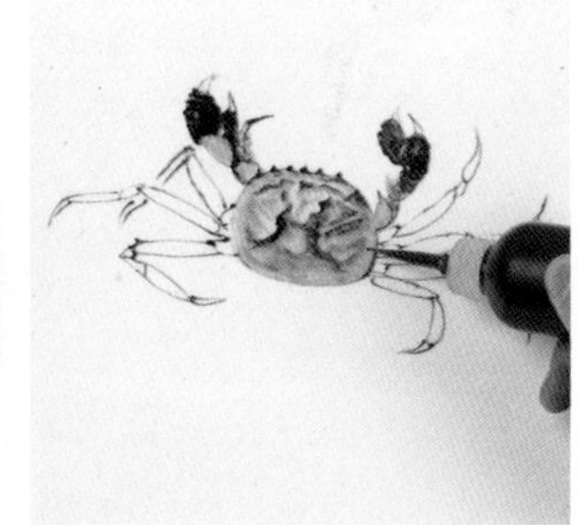

第六步 用黑、灰色果酱画出蟹壳细节。

第七步 用灰、橙色果酱画出蟹钳。

第八步 用灰色果酱画出阴影，即可。

107 虾趣

第一步　挤一滴灰色果酱，用手指抹出水滴形。

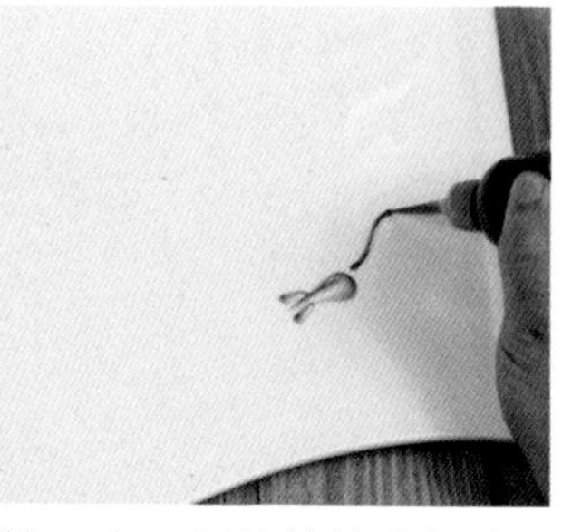

第二步　用棉签擦出虾头的两个小触角，然后画出背部曲线。

第三步　用手指从上向下抹出虾身。

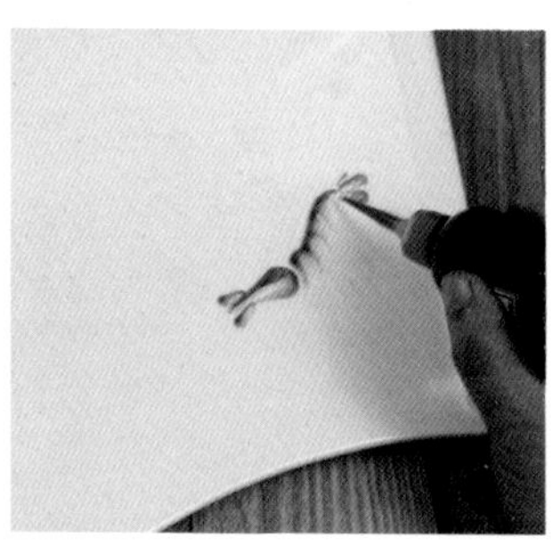

第四步　画出或抹出虾尾。

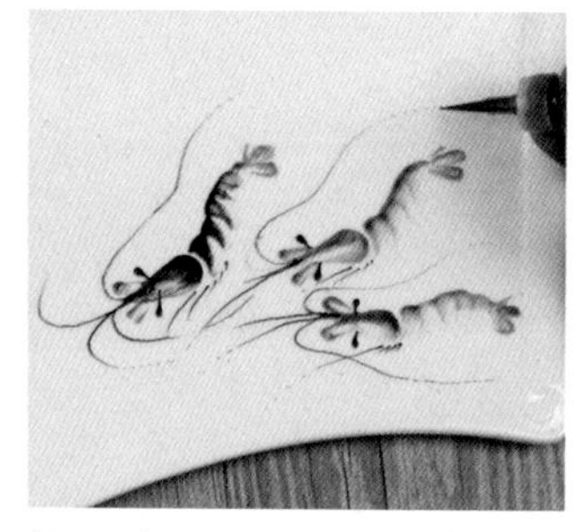

第五步　再画几只同样的虾，然后用黑果酱画出眼睛和须爪。

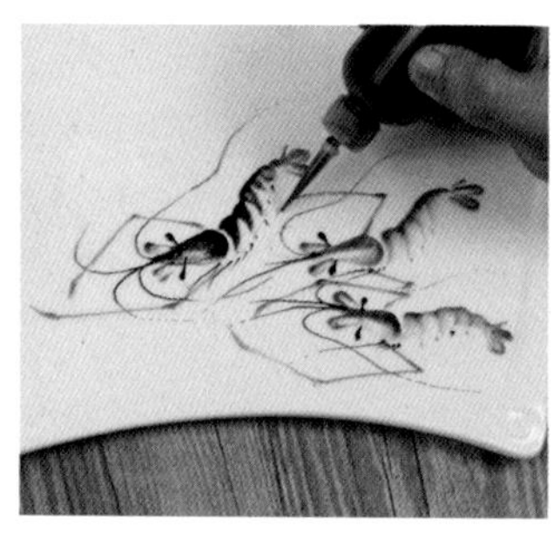

第六步　画出虾的大钳和腹部短爪。

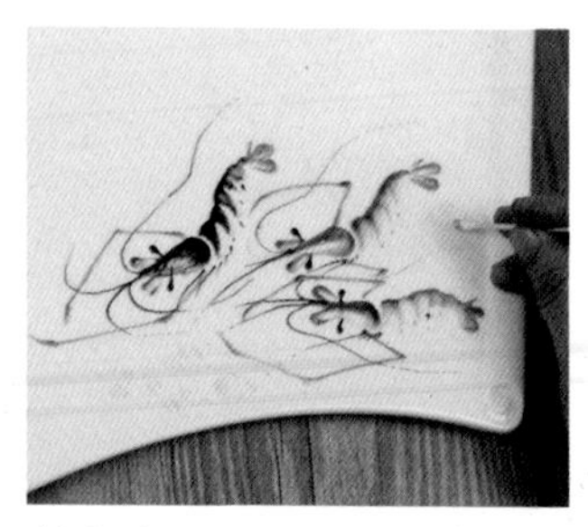

第七步　画点水草点缀。

第八步　完成。

108 节节高

第一步　用黑色果酱画出虾的头身轮廓。

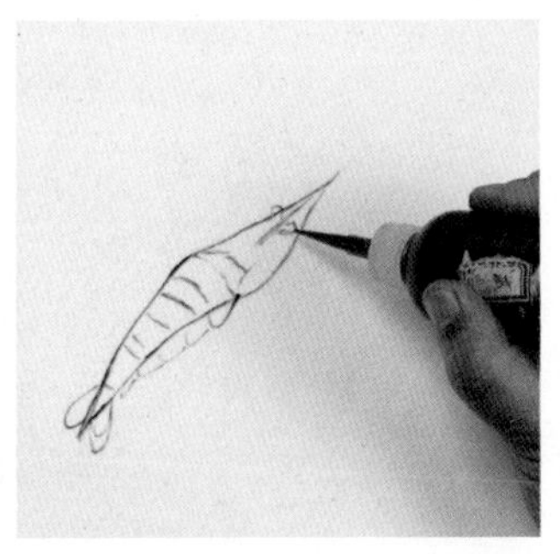

第二步　画出虾节、虾尾、虾眼和腹肢。

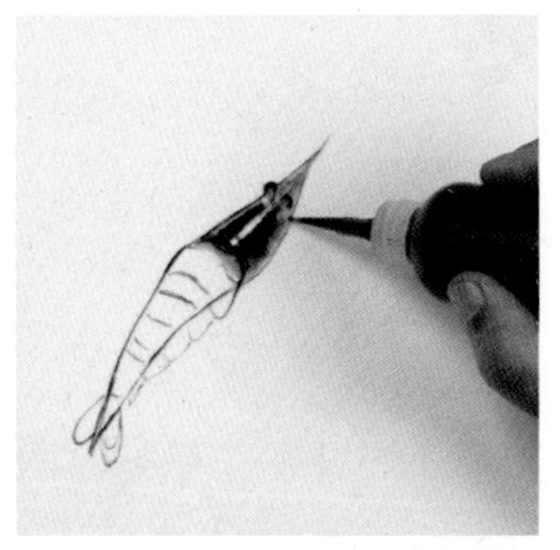

第三步　用黑色、灰色和浅棕色果酱画出虾头、虾眼。

第四步　再画出虾身、虾尾和腹肢。

第五步　用黑色果酱画出虾须、虾枪。

第六步　用中黑色果酱画出虾爪。

第七步　用灰色果酱画出阴影。

第八步　完成。

109 螃蟹

第一步　用黑色果酱挤出三个圆点。

第二步　从上向下抹出蟹背。

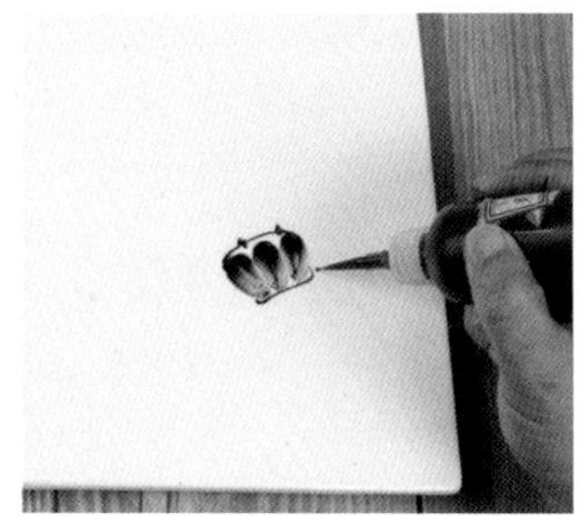
第三步　画出上下边缘和蟹眼。

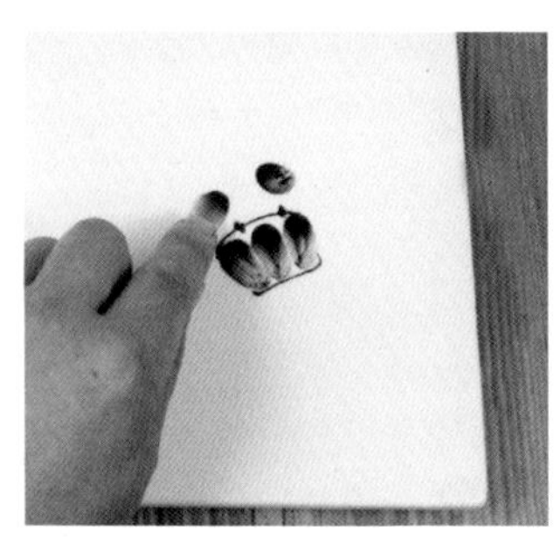
第四步　抹出蟹钳。

第五步　用黑灰色果酱画出一侧蟹爪。

第六步　再画出另一侧蟹爪。

第七步　画出几棵水草。

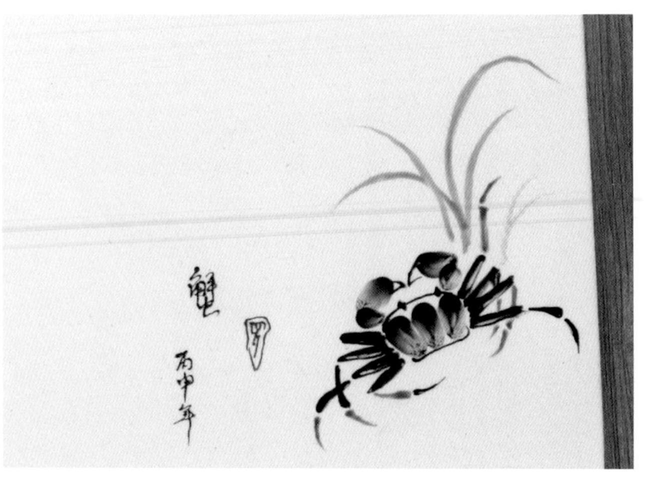
第八步　完成。

⑩ 鱼乐

第一步　用深黑色果酱画一条曲线。

第二步　用手指抹出鱼的背部。

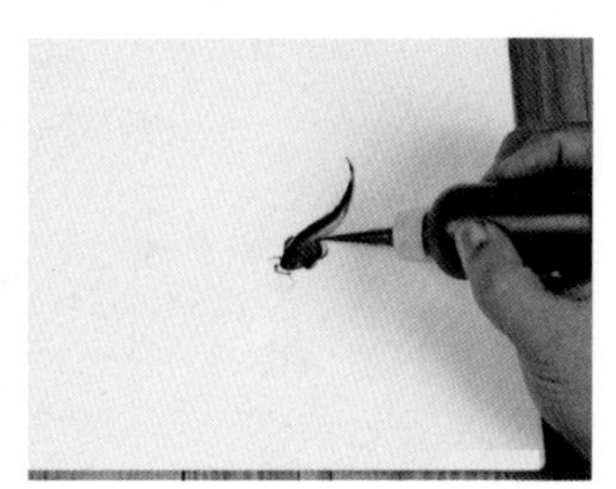
第三步　用黑色果酱画出鱼的头、嘴、鳃和眼。

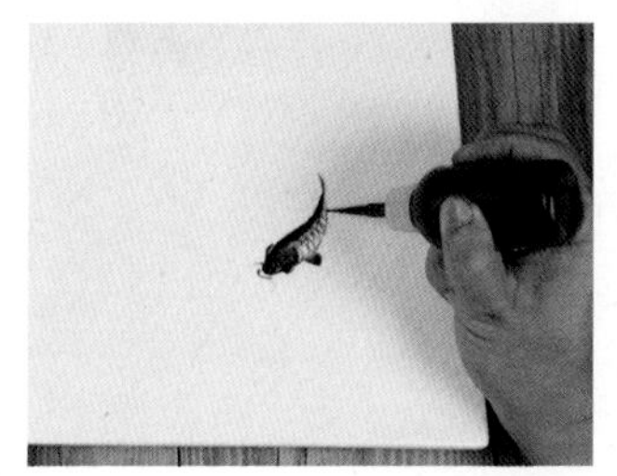
第四步　抹出胸鳍、腹和鳞。

第五步　画出鱼尾。

第六步　抹出红鱼的后背。

第七步　画出鱼头、眼、鳍、腹和鳞。

第八步　画出背鳍。

第九步　完成。

Ⅲ 群虾

第一步　用黑色果酱挤出一小圆点。

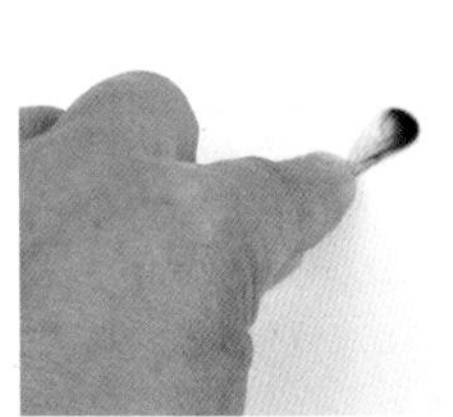

第二步　用手指抹出水滴状。

第三步　画出虾头、虾眼和两根须。

第四步　画出虾背部曲线。

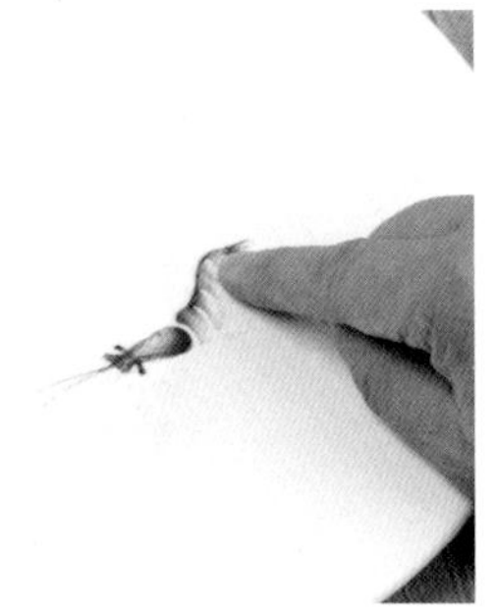

第五步　用手指抹出虾身。

第六步　画出虾尾。

第七步　画出虾钳和须爪。

第八步　再画出几只虾，即可。

2.6　人物、动物部分

⑫水牛

第一步　挤一滴灰色果酱，用手指抹一下，画出牛的额头。

第二步　用黑色果酱画出牛角和眼睛。

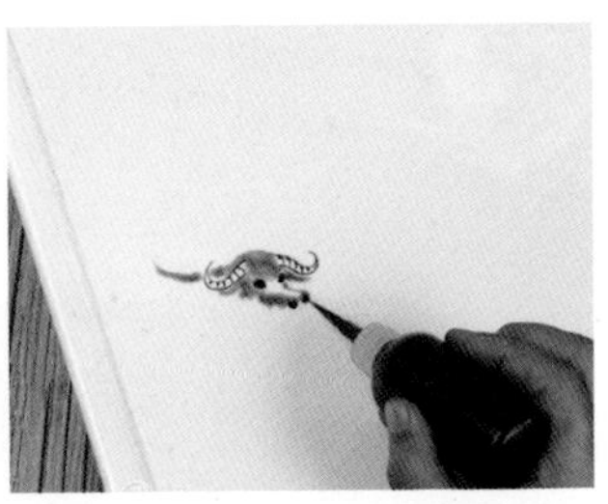

第三步　用灰色果酱画出牛鼻、耳和脊背，用黑色果酱画出鼻孔。

第四步　用灰黑色果酱画出腰、臀部。

第五步　用同样方法再画出一只水牛。

第六步　挤一些绿色果酱，用手指抹平。

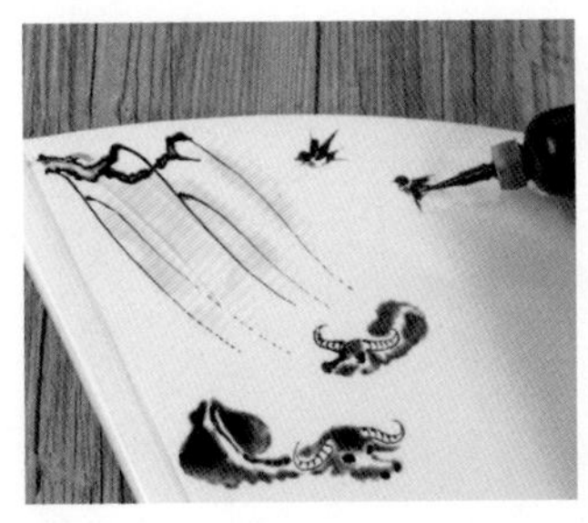

第七步　用黑色果酱画出柳枝，再画两只小燕子。

第八步　完成。

⑬千里马

第一步　用黑色果酱画出马头。

第二步　画出马脖子。

第三步　画出前腿。

第四步　画出臀部和后大腿。

第五步　画出马鬃，用牙签挑出纹理。

第六步　画出后腿和马尾。

第七步　完成。

⑭猛虎过江

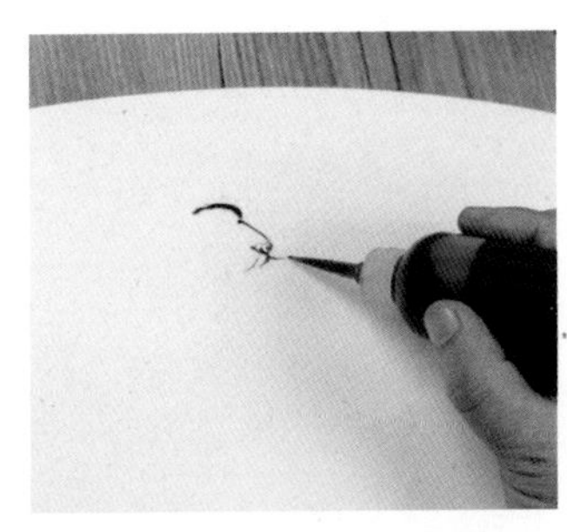

第一步　用黑色果酱画出虎的额头、鼻梁、嘴。

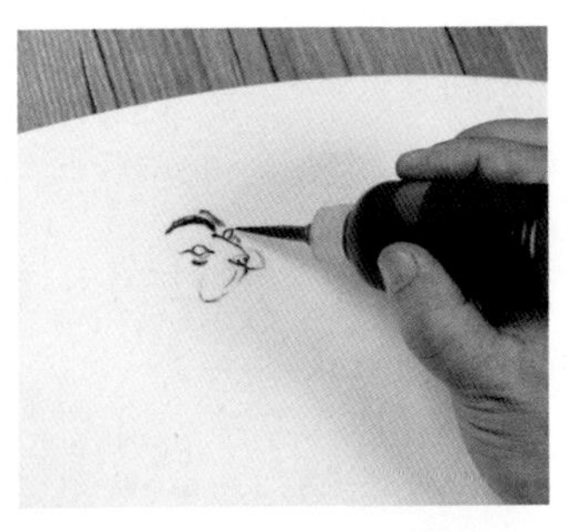

第二步　画出虎的两眼。

第三步　画出虎脸部斑纹。

第四步　画出双耳和颈部。

第五步　画出臀部，再用灰色果酱画出头和身暗部。

第六步　用棕黄色果酱画出头、身。

第七步　用灰和蓝色果酱抹出江水。

第八步　最后用黑色果酱画出眼珠即可。

⑮ 马到成功

第一步　画出马头。

第二步　用手指抹出马鬃。

第三步　用果酱笔补画上鬃毛。

第四步　抹出马的肩骨。

第五步　再画出马的胸部。

第六步　抹出背部肋骨。

第七步　画出马的背、腹及后腿。

第八步　画出左前腿。

第九步　再画出右前腿。

第十步 画出后蹄。

第十一步 用牙签将将马鬃刻画得更飘逸些。

第十二步 补画上一点棕红色。

第十三步 完成。

116 龙马精神

第一步　用黑色果酱画出马头、眼睛。

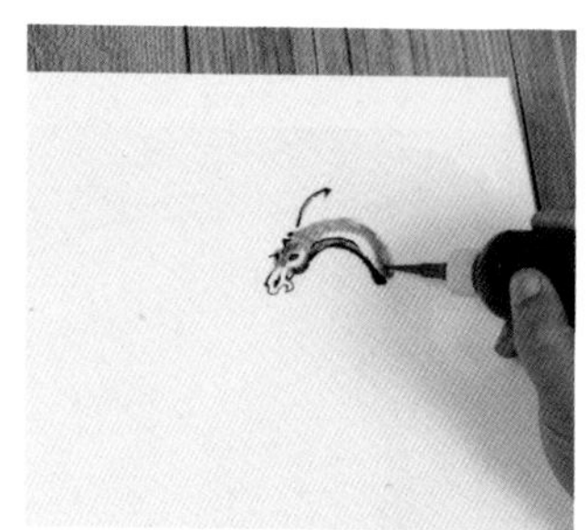

第二步　用灰、黑色果酱画出马的脖颈。

第三步　用黑色果酱画出夸张的鬃毛。

第四步　用灰、黑色果酱画出胸肌。

第五步　画出前腿。

第六步　画出后腿、蹄。

第七步　用手指抹出黑色的尾。

第八步　用灰色果酱抹出扬尘即可。

⑪⑦ 鹿鸣呦呦

第一步　画出鹿头和脖颈。

第二步　画出鹿角和耳朵。

第三步　画出鹿身。

第四步　用棕色、无色果酱画出背部头部颜色。

第五步　用无色果酱堆出斑点。

第六步　用深棕色、棕黄色果酱画出其鹿角和耳朵。

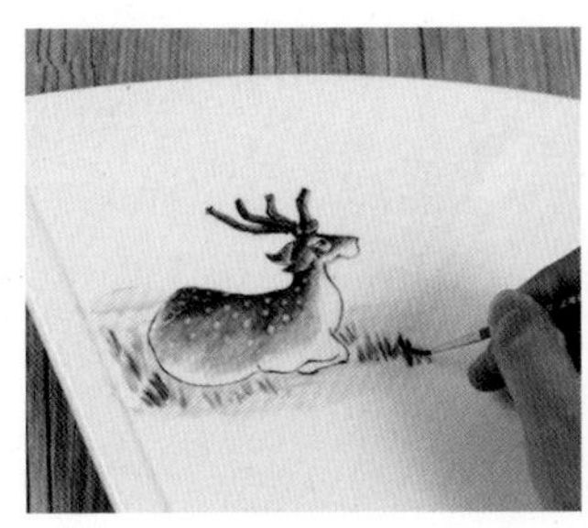
第七步　用手指抹出绿色，画出小草。

第八步　在小鹿上方画出树枝树叶即可。

118 龙腾盛世

第一步　先画出龙鼻，然后依次画出龙嘴、眼和角。

第二步　用黑色果酱画出龙身大形。

第三步　用手指抹出龙身。

第四步　画出鬃毛。

第五步　画出龙鳞。

第六步　画出龙鳍和龙爪。

第七步　给龙舌涂红色，龙爪龙鳍涂橘黄色。

第八步　画出红太阳，用灰色和橘黄色果酱抹出云彩。

第九步　完成。

⑲ 老虎

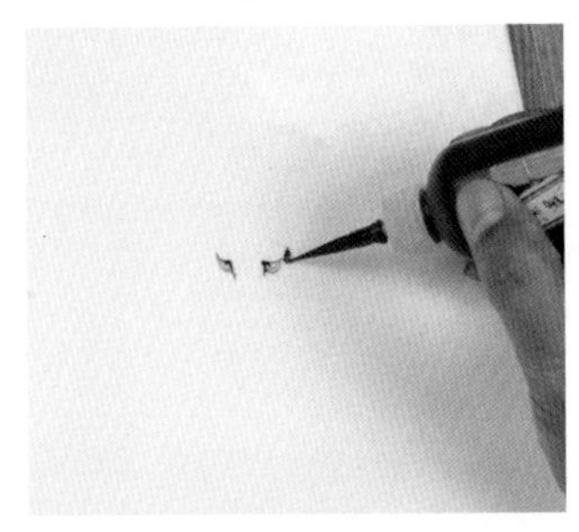

第一步　用黑色果酱画出虎眼。

第二步　画出近似于方形的虎脸。

第三步　画出脖、胸和前腿。

第四步　再画出腰、臀和尾。

第五步　用橘黄色给虎头上色。

第六步　再给其它部位上色。

第七步　用黑色画出虎纹。

第八步　完成。

120 熊猫

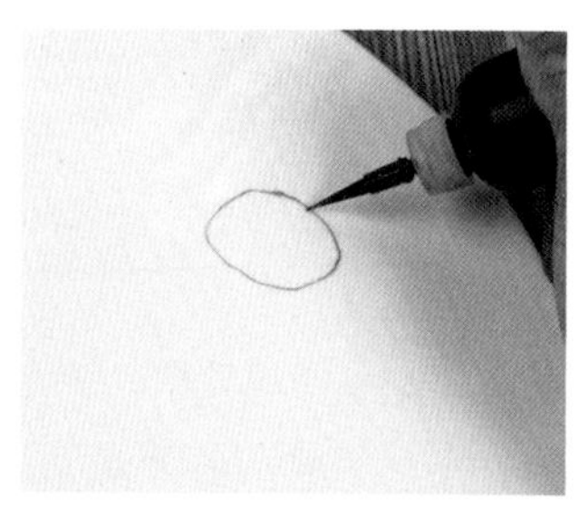

第一步　用黑色果酱画出一扁圆形。

第二步　画出熊猫的眼睛、鼻嘴和耳朵。

第三步　用黑色果酱画出前腿。

第四步　用灰色果酱画出臀部，然后画出石头。

第五步　画出石下的竹叶。

第六步　再画出熊猫身后的竹子。

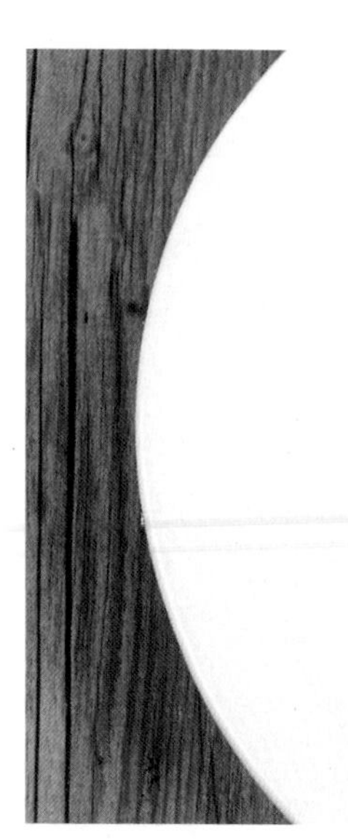

第七步　完成。

⑫ 寿星

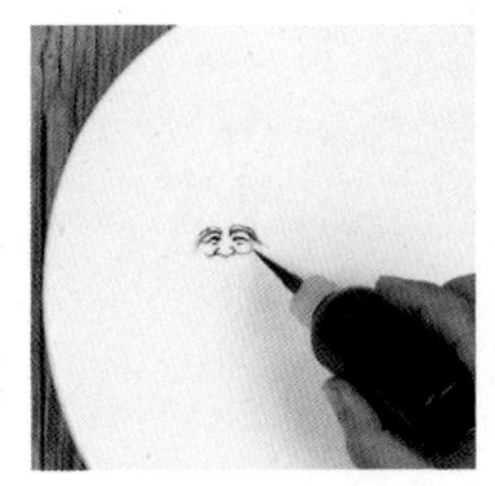

第一步　按顺序画出寿星的眉、眼、鼻、脸蛋。

第二步　画出额头和耳朵。

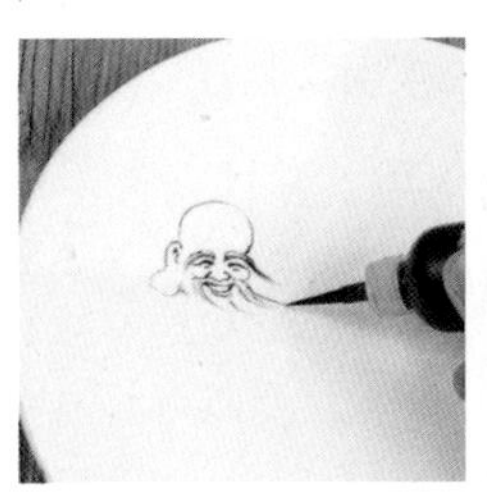

第三步　画出胡子和嘴。

第四步　画出一只衣袖和双手。

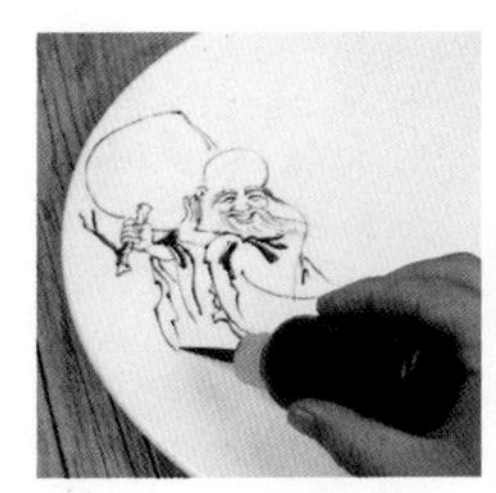

第五步　画出桃子和另一只衣袖。

第六步　画出双腿和鞋。

第七步　用分染法给桃子染上红色。

第八步　再用棕色和浅棕色果酱给脸、手上色。

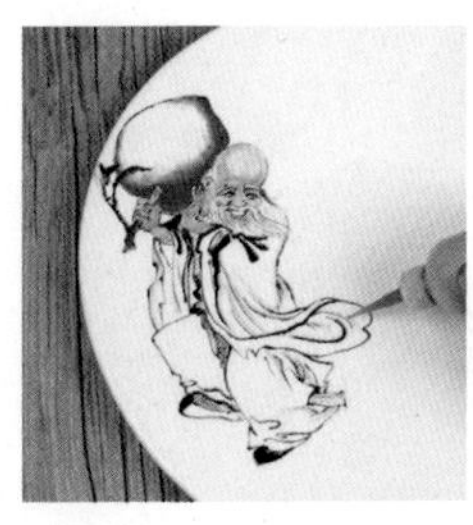

第九步　用浅灰色果酱画出衣服阴影。

第十步　完成。

122 兔子

第一步　用黑色果酱画出兔子的额头、鼻、嘴。

第二步　画出眼睛。

第三步　画出耳朵。

第四步　画出身体、腿、尾。

第五步　用黑、灰色果酱画出身上斑点。

第六步　用粉色果酱画出耳、鼻，然后画出绿草地和栅栏。

第七步　完成。

123 笑口常开

第一步　画出眉毛、眼睛。

第二步　画出鼻、嘴，再画出脸和耳朵。

第三步　画出腹部和左手。

第四步　画出右手、衣裳袖和裤子。

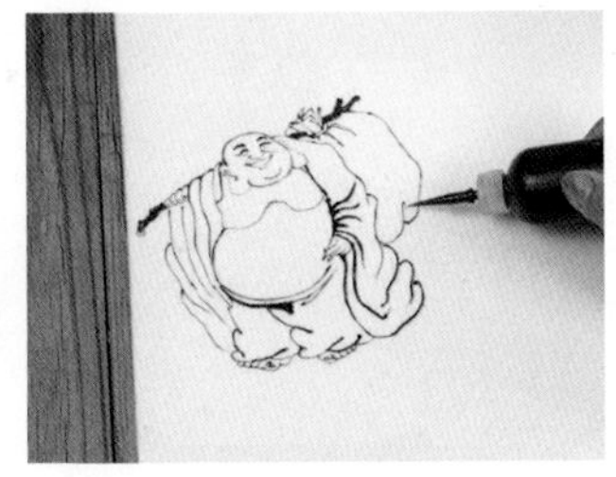

第五步　画出双脚和布袋。

第六步　用棕色和浅棕色果酱给脸部着色。

第七步　再给腹部和双手着色。

第八步　用棕色给衣服着色。

第九步　完成。

124 羊

第一步　用黑色果酱画出羊的鼻、嘴。

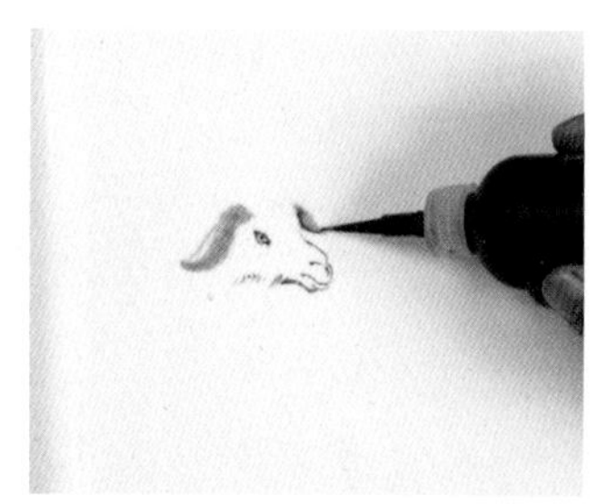

第二步　画出眼睛和耳朵。

第三步　用棕色和黑色果酱画出羊角。

第四步　画出身体和四条腿。

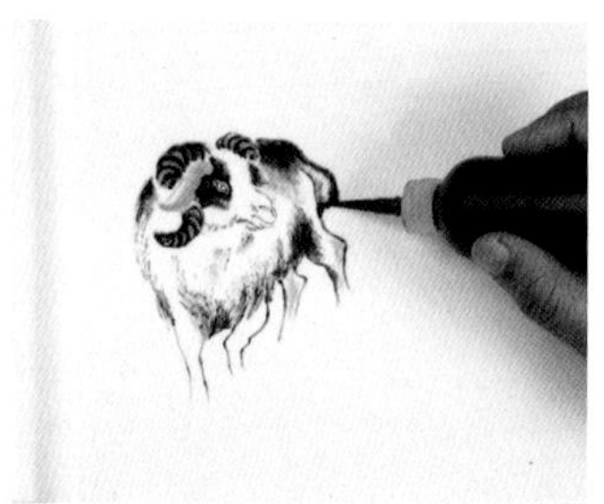

第五步　画出尾巴。

第六步　画出绿草和小花。

第七步　完成。